华北水利水电大学水利工程学科国家级
本科教学质量工程培育项目资助

水利工程质量管理

杨育红　著

黄河水利出版社
·郑州·

内 容 提 要

百年大计,质量第一。高质量发展是全面建设社会主义现代化国家的首要任务。提升建设工程品质要强化工程质量保障,提高建设材料质量水平。水利工程作为重要的基础设施,质量管理是水利建设永恒的主题。本书阐述了水利工程质量监督和质量责任体系、水利工程勘察设计、施工招标、工程施工及质量评定、验收和保修期等不同阶段的质量管理控制和统计分析方法,提供了水利工程质量检测与检验、质量事故分析处理程序,分析了南水北调工程质量管理案例等。

本书可作为高等院校水利类专业及相关专业教材,亦可作为水利类专业技术人员的参考与培训用书。

图书在版编目(CIP)数据

水利工程质量管理/杨育红著. —郑州:黄河水利出版社,2023.4

ISBN 978-7-5509-3558-7

Ⅰ.①水… Ⅱ.①杨… Ⅲ.①水利工程-工程质量-质量管理-教材 Ⅳ.①TV51

中国国家版本馆 CIP 数据核字(2023)第 071208 号

组稿编辑 王志宽 电话:0371-66024331 E-mail:wangzhikuan83@126.com

责任编辑 杨雯惠		责任校对	王单飞
封面设计 李思璇		责任监制	常红昕

出版发行 黄河水利出版社

地址:河南省郑州市顺河路 49 号 邮政编码:450003

网址:www.yrcp.com E-mail:hhslcbs@126.com

发行部电话:0371-66020550

承印单位 河南承创印务有限公司

开 本 787 mm×1 092 mm 1/16

印 张 13

字 数 300 千字

版次印次 2023 年 4 月第 1 版 2023 年 4 月第 1 次印刷

定 价 48.00 元

前　言

建设质量强国是推动高质量发展、促进我国经济由大向强转变的重要举措,是满足人民美好生活需要的重要途径。当前,我国质量水平的提高仍然滞后于经济社会发展,质量发展基础还不够坚实。工程质量是全方位建设质量强国的重要部分,也是推动工程大国向工程强国转变的重要基石。

本书共十章,主要内容包括:绪论,水利工程质量监督和质量责任体系,工程勘察设计和招标投标阶段质量控制,工程施工阶段质量控制,工程质量评定、验收和保修期质量控制,水利工程质量检测与检验,水利工程质量事故分析处理,工程质量控制统计分析方法,水利工程建设安全生产管理和南水北调工程质量管理实践。本书在撰写过程中结合作者的工程实践经验和基础专业知识,借鉴参考了大量资料。在撰写时注重理论结合实际,突出实践能力的需求,强调了实用性和针对性。

本书得到华北水利水电大学水利工程学科国家级本科教学质量工程培育项目的资助。

华北水利水电大学汪伦焰教授在本书成书过程中给予鼓励、支持和指导,华北水利水电大学杨耀红教授对本书中南水北调工程质量管理实践的编写提供指导,黄河水利出版社为本书顺利付梓做出辛勤劳动,在此表示感谢! 同时感谢本书所引资料文献的学者和支持我工作的家人们!

本书作者是水利工程专业教学和科研人员,尽管多年承担工程质量安全、建设法规、风险管理等教学任务,并主持参与了南水北调工程的相关科研项目和工程实践,但缺乏更广泛更全面的水利工程经历,书中难免存在不当之处,恳请读者批评指正。

杨育红

2023 年 3 月

前 言

目 录

第一章 绪 论

质量发展是兴国之道、强国之策。质量反映一个国家的综合实力,是企业和产业核心竞争力的体现,也是国家文明程度的体现;既是科技创新、资源配置、劳动者素质等因素的集成,又是法治环境、文化教育、诚信建设等方面的综合反映。质量问题是经济社会发展的战略问题,关系可持续发展,关系人民群众切身利益,关系国家形象。党和国家历来高度重视质量工作,中华人民共和国成立尤其是改革开放以来,国家制定实施了一系列的政策措施,初步形成了中国特色的质量发展之路。特别是《质量振兴纲要(1996 年—2010年)》《质量发展纲要(2011—2020 年)》实施以来,我国质量事业实现跨越式发展,质量强国建设取得历史性成效。2023 年指导我国质量工作中长期发展的纲领性文件《质量强国建设纲要》明确提出建设质量强国是推动高质量发展、促进我国经济由大向强转变的重要举措,是满足人民美好生活需要的重要途径。工程质量作为质量强国建设的重要一极,是推动我国从工程大国向工程强国转变的基础保障,是打造中国建造升级版的核心内容。

第一节 基本概念

一、质量和建设工程质量

(一)质量

随着质量在市场环境中发挥着不断变化的作用,质量定义也根据竞争因素的不同而发展、演变(见图 1-1)。质量成了主要竞争因素之一,产品生产者以及后来的服务提供者都不得不将他们的关注重点从工程设计转向顾客的期望。顾客的观点反映了顾客的需求、期望、生活观,以及近年来所产生的社会价值观。这种新的认识为当代质量定义奠定了新的基础。质量是一个关注质量的组织倡导通过满足顾客和其他相关方的需求和期望来实现其价值的一种文化,这种文化将反映在其行为、态度、活动和过程中。组织的产品和服务质量取决于满足顾客的能力,以及对其他相关方的预期或非预期的影响。产品和服务的质量不仅包括其预期的功能和性能,而且还涉及顾客对其价值和利益的感知。

作为国际公认的标准化机构,国际标准化组织(International Organization for Standardization,ISO)在制定 ISO 9001 质量管理体系标准过程中,就遵循了这一质量发展趋势。1987 年发布的第 1 版本 ISO 9001 标准就是以 ISO 8402:1986《质量 术语》为基础的,而ISO 8402:1986 则于 1994 年经过了修订,后来由 ISO 9000:2000 所替代。ISO 9000:2000将关注重点转移到顾客和其他相关方,而不是如以前一样将重点关注到纸上谈兵的质量定义,因为这些质量定义很难在现实生活中应用。目前的 ISO 9000 版本是 ISO 9000:2015,而这一标准是本书讨论质量和质量管理定义的基础。

ISO 9000 族标准中的质量定义是:客体的一组固有特性满足要求的程度。

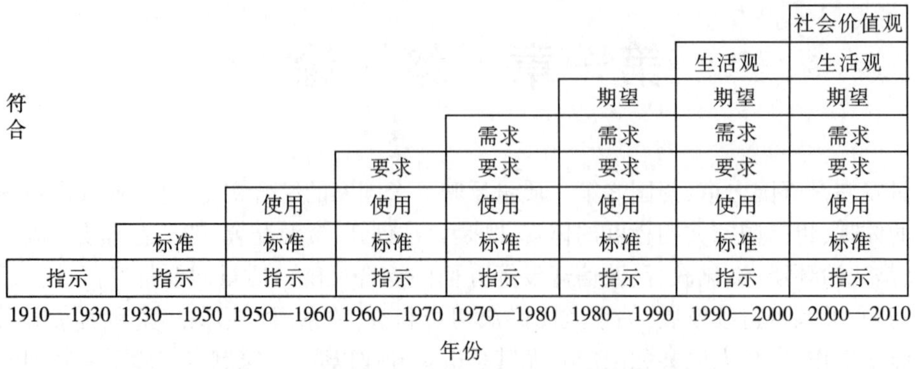

符
合

							社会价值观
						生活观	生活观
					期望	期望	期望
				需求	需求	需求	需求
			要求	要求	要求	要求	要求
		使用	使用	使用	使用	使用	使用
	标准	标准	标准	标准	标准	标准	标准
指示	指示	指示	指示	指示	指示	指示	指示

1910—1930　1930—1950　1950—1960　1960—1970　1970—1980　1980—1990　1990—2000　2000—2010

年份

图 1-1　质量定义近百年的发展演变

（1）上述质量不仅指产品质量，也可以是某项活动或过程的质量，还可以是质量管理体系的质量。

（2）"特性"是指可区分的特征。"特性"可以是固有的或指定的，也可以是定性的或定量的。"固有的"就是指在某事或某物中本来就有的，尤其是那种永久的特性。这里的质量特性就是指固有的特性，而不是赋予的特性（如某一产品的价格）。如螺栓的直径、机器的生产率或接通电话的时间等技术特性。赋予特性不是固有的，不是某事物本来就有的，而是完成产品后因不同的要求而对产品所增加的特性。如产品的价格、硬件产品的供货时间和运输要求（如运输方式）、售后服务要求（如保修时间）等特性。质量特性作为评价、检验和考核的依据，包括性能，适用性，可信性（可用性、可靠性、维修性），安全性，环境，经济性和美学性。

固有特性与赋予特性具有相对性。不同产品的固有特性和赋予特性不同，某种产品赋予特性可能是另一种产品的固有特性。

特性包括但不限于物的特性，如机械性能；感官的特性，如气味、噪声、色彩等；行为的特性，如礼貌；时间的特性，如准时性、可靠性；人体工效的特性，如生理的特性或有关人身安全的特性；功能的特性，如飞机的最高速度。

（3）"要求"是指明示的、通常隐含的或必须履行的需求或期望（见表 1-1）。

表 1-1　管理体系标准中的要求类型

使用环境	要求含义	自愿性/强制性
标准要求条款	需要符合的验证准则，如果声称符合这一准则，则不允许有任何偏差	强制性
顾客和其他相关方	通常为隐含或强制性的需求和期望	自愿性
法律法规、监管要求	组织必须符合的要求	强制性

"明示的"是指规定的要求，如在合同、规范、标准等文件中阐明的或顾客明确提出的要求。

"通常隐含的"是指组织、顾客和其他相关方的惯例和一般做法，所考虑的需求或期望是不言而喻的。一般情况下，顾客或相关文件（如标准）中不会对这类要求给出明确的规定,供方应根据自身产品的用途和特性加以识别。

"必须履行的"是指法律、法规要求的或有强制性标准要求的。组织在产品实现过程中必须执行这类标准。

"要求"是随环境变化的,在合同环境和法规环境下,"要求"是规定的;而在其他环境(非合同环境)下,"要求"则应加以识别和确定,也就是要通过调查了解和分析判断来确定。"要求"可由不同的相关方提出,不同的相关方对同一产品的要求可能是不同的。也就是说对质量的要求除考虑要满足顾客的需要外,还要考虑其他相关方即组织自身利益、提供原材料和零部件的供方利益和社会利益等。质量的差、好或者优秀是由产品固有特性满足要求的程度来反映的。

"需求"和"期望"因人而异,所提供的产品和服务也不尽相同。有些产品和服务的质量是有明确定义的,而有些产品和服务的质量则是隐含的。因此,质量定义不能仅仅基于一个维度,例如使用性。当人们购买奢侈品时,他们不会因为这些奢侈品的使用性而购买。人们之所以购买奢侈品,是因为这些奢侈品满足了他们的需求和期望。

(4)质量具有时效性和相对性。

质量的时效性:由于组织的顾客和其他相关方对组织的产品、过程和体系的需求和期望是不断变化的,因此组织应定期评定质量要求、修订规范标准,不断开发新产品、改进老产品,以满足已变化的质量需求。

质量的相对性:组织的顾客和其他相关方可能对同一产品的功能提出不同要求,需求不同,质量要求也不同。在不同时期和不同地区,要求也是不一样的。只有满足要求的产品,才会被认为是好的产品。

(二)建设工程质量

建设工程质量通常有狭义和广义之分。从狭义上讲,建设工程质量通常指工程产品质量;而从广义上讲,建设工程质量应包括工程产品质量和工作质量两个方面。

1. 工程产品质量

建设工程的质量特性主要表现在以下几个方面。

1)性能

性能即功能,是指工程满足使用目的的各种性能。性能包括:机械性能(如强度、弹性、硬度等),理化性能(尺寸、规格、耐酸碱、耐腐蚀),结构性能(大坝强度、稳定性),使用性能(大坝要能防洪、发电等)。

2)时间性

工程产品的时间性是指工程产品在规定的使用条件下,能正常发挥规定功能的工作总时间,即服役年限。如水库大坝能正常发挥挡水、防洪等功能的工作年限。一般来说,水库大坝由于筑坝材料(如混凝土)的老化、水库的淤积和其他自然力的作用,它能正常发挥规定功能的工作时间是有一定限制的。机械设备(如水轮机等),也可能由于达到疲劳状态或机械磨损、腐蚀等原因而限制其寿命。

3)可靠性

可靠性是指工程在规定的时间内和规定的条件下,完成规定的功能能力的大小和程度。符合设计质量要求的工程,不仅要求在竣工验收时要达到规定的标准,而且在一定的时间内要保持应有的正常功能。

4）经济性

工程产品的经济性表现为工程产品的造价或投资、生产能力或效益及其生产使用过程中的能耗、材料消耗和维修费用的高低等。对水利工程而言，应首先从精心的规划工作开始，在详细研究各种资料的基础上，作出合理的、切合实际的可行性研究报告，并据此提出设计任务书，然后采用新技术、新材料、新工艺，做到优化设计，并精心组织施工，节省投资，以创造优质工程。在工程投入运行后，应加强工程管理，提高生产能力，降低运行、维修费用，提高经济效益。所谓工程产品的经济性，应体现在工程建设的全过程中。

5）安全性

工程产品的安全性是指工程产品在使用和维修过程中的安全程度。如水库大坝在规范规定的荷载条件下应能满足强度和稳定的要求，并有足够的安全系数。在工程施工和运行过程中，应能保证人身和财产免遭危害，大坝应有足够的抗地震能力、防火等级，以及机械设备安装运转后的操作安全保障能力等。

6）适应性与环境的协调性

工程的适应性表现为工程产品适应外界环境变化的能力。如在我国南方建造大坝时应考虑到水头变化较大，而在我国北方建造大坝时要考虑温差较大。除此之外，工程还要与其周围生态环境相协调，以适应可持续发展的要求。

2. 工作质量

工作质量是指参与工程项目建设各方为了保证工程项目质量所做的组织管理工作和生产全过程各项工作的水平和完善程度。工作质量包括：社会工作质量，如社会调查、市场预测、质量回访和保修服务等；生产过程工作质量，如政治工作质量、管理工作质量、技术工作质量、后勤工作质量等。工程项目质量是多单位、各环节工作质量的综合反映，而工程产品质量又取决于施工操作和管理活动各方面的工作质量。因此，保证工作质量是确保工程项目质量的基础。

二、质量管理和全面质量管理

（一）质量管理定义

ISO 9000:2015 关于质量管理的定义：质量管理可包括质量方针和质量目标，以及通过质量策划、质量保证、质量控制和质量改进实现这些质量目标的过程。

要充分理解质量管理的含义，就必须认识到每个组织实际上有 3 个层次的质量：

（1）生产质量。确保没有偏差，生产的每一种产品和提供的服务都应是相同的，这种"相同点"也就是在设计阶段所决定的固有区别特性。

（2）产品质量。确保产品或服务满足组织根据明确的要求或通常隐含的要求所确定的需求和期望，这些要求通常是基于顾客的需求和期望。

（3）组织质量。确保组织以平衡的方式满足其所有相关方的需求和期望。当然，组织质量包括产品质量和服务质量，而产品质量则包括生产质量。

（二）全面质量管理

全面质量管理是指一个组织以质量为中心，以全员参与为基础，目的在于通过顾客满意和本组织所有成员及社会受益而达到长期成功的管理途径。

全面质量管理(Total Quality Management,简称为 TQM),起源于美国,全面质量管理的基本核心是提高人的素质,增强质量意识,调动人的积极性,使人人做好本职工作,通过抓好工作质量来保证和提高产品质量或服务质量。

全面质量管理重视人的因素,强调全员参加、全过程控制、全企业实施的质量管理。首先,它是一种现代管理思想,从顾客需要出发,树立明确而又可行的质量目标;其次,它要求形成一个有利于产品质量实施系统管理的质量体系;再次,要求把一切能够促进提高产品质量的现代管理技术和管理方法,都运用到质量管理中来。

(三)全面质量管理的基本方法

全面质量管理的特点,集中表现在"全面质量管理、全过程质量管理、全员质量管理"3个方面。美国质量管理专家戴明(W E Deming)把全面质量管理的基本方法概括为4个阶段8个步骤,简称 PDCA 循环,又称"戴明环"(见图1-2)。

(1)计划阶段。又称 P(Plan)阶段,主要是在调查问题的基础上制订计划。计划的内容包括确立目标、活动等,以及制订完成任务的具体方法。这个阶段包括8个步骤中的前4个步骤:查找问题;进行排列;分析问题产生的原因;制定对策和措施。

(2)实施阶段。又称 D(Do)阶段,就是按照制订的计划和措施去实施,即执行计划。这个阶段是8个步骤中的第5个步骤,即执行措施。

(3)检查阶段。又称 C(Check)阶段,就是检查生产(如设计或施工)是否按计划执行,其效果如何。这个阶段是8个步骤中的第6个步骤,即检查采取措施后的效果。

(4)处理阶段。又称 A(Action)阶段,就是总结经验和清理遗留问题。这个阶段包括8个步骤中的最后两个步骤:建立巩固措施,即把检查结果中成功的做法和经验加以标准化、制度化,并使之巩固下来;提出尚未解决的问题,转入到下一个循环。

在 PDCA 循环中,处理阶段是一个循环的关键。PDCA 的循环过程是一个不断解决问题、不断提高质量的过程,如图1-2(a)所示。同时,在各级质量管理中都有一个 PDCA 循环,形成一个大环套小环、一环扣一环、互相制约、互为补充的有机整体,如图1-2(b)所示。在 PDCA 循环中,一般来说,上一级循环是下一级循环的依据,下一级循环是上一级循环的落实和具体化。

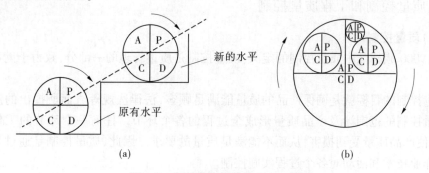

(a) (b)

图1-2 全面质量管理的 PDCA 循环

(四)全面质量管理的基本观点

1.质量第一的观点

"质量第一"是推行全面质量管理的思想基础。工程质量的好坏,不仅关系到国民经济的发展及人民生命财产的安全,而且直接关系到企事业单位的信誉、经济效益、生存和发展。因此,在工程项目的建设全过程中,所有人员都必须牢固树立"质量第一"的观点。

2.用户至上的观点

"用户至上"是全面质量管理的精髓。工程项目用户至上的观点,包括两个含义:一是直接或间接使用工程的单位或个人;二是在企事业内部,生产(设计、施工)过程中下一道工序为上一道工序的用户。

3.预防为主的观点

工程质量的好坏是设计、建筑出来的,而不是检验出来的。检验只能确定工程质量是否符合标准要求,但不能从根本上决定工程质量的高低。全面质量管理必须强调从事后检验把关变为工序控制,从管质量结果变为管质量因素,防检结合,预防为主,防患于未然。

4.用数据说话的观点

工程技术数据是实行科学管理的依据,没有数据或数据不准确,质量则无法进行评价。全面质量管理就是以数理统计方法为基本手段,依靠实际数据资料做出正确判断,进而采取正确措施,进行质量管理。

5.全面管理的观点

全面质量管理突出一个"全"字,要求实行全员、全过程、全企业的管理。因为工程质量好坏涉及施工企业的每个部门、每个环节和每个职工。各项管理既相互联系,又相互作用,只有共同努力、齐心管理,才能全面保证工程项目的质量。

6.一切按 PDCA 循环进行的观点

坚持按照计划、实施、检查、处理的循环过程办事,是进一步提高工程质量的基础。经过一次循环对事物内在的客观规律就有进一步的认识,从而制订出新的质量计划与措施,使全面质量管理工作及工程质量不断提高。

三、质量控制和工程质量控制

(一)质量控制

ISO 9000 族标准中质量控制的定义:质量控制是质量管理的一部分,致力于满足质量要求。

质量控制的目标就是确保产品的质量能满足顾客、法律法规等方面所提出的质量要求。质量控制的范围涉及产品质量形成全过程的各个环节。任何一个环节的工作没做好,都会使产品质量受到损害,从而不能满足质量的要求。因此,质量控制是通过采取一系列的作业技术和活动对各个过程实施控制。

质量控制可从以下几个方面进行理解:

(1)质量控制的对象是过程,结果是能使被控制对象达到规定的质量要求。

(2)作业技术是指专业技术和管理技术结合在一起,作为控制手段和方法的总称。

（3）质量控制应贯穿于质量形成的全过程。

（4）质量控制的目的在于以预防为主，通过采取预防措施来排除质量环节各个阶段产生问题的原因，以获得期望的经济效益。

（5）质量控制的具体实施主要是制订影响产品质量各环节、各因素相应的计划和程序，对发现的问题和不合格情况进行及时处理，并采取有效的纠正措施。

质量控制的工作内容包括作业技术和活动。这些活动包括：

（1）确定控制对象。例如一道工序、设计过程、制造过程等。

（2）规定控制标准。即详细说明控制对象应达到的质量要求。

（3）制订具体的控制方法。例如工艺规程。

（4）明确所采用的检验方法。包括检验手段。

（5）实际进行检验。

（6）说明实际与标准之间有差异的原因。

（7）为解决差异而采取的行动。

质量控制具有动态性，因为质量要求随着时间的进展而不断变化，为了满足不断更新的质量要求，对质量控制进行持续改进。

（二）工程质量控制

工程质量控制是致力于满足工程质量要求，即为了保证工程质量满足工程合同规范标准所采取的一系列措施、方法和手段。工程质量要求主要包括工程合同、设计文件、技术标准规范的质量标准。

按控制主体的不同，工程质量控制主要包括以下4个方面。

1. 政府的工程质量监督

它主要以抽查为主的方式，运用法律和行政手段，通过复核有关单位资质，检查技术规程、规范和质量标准的执行情况，工程质量不定期的检查，工程质量评定和验收等重要环节实现其目的。

2. 工程监理单位的质量控制

监理单位受发包人委托，按照合同规定的质量标准对工程项目质量进行控制。监理单位的质量控制并不能代表承包人内部的质量保证体系，它只能通过执行承包合同，运用质量认证权和否决权，对承包人进行检查和管理，并促使承包人建立健全质量保证体系，从而保证工程质量。

3. 勘察设计单位的质量控制

它是以法律、法规以及设计合同为依据，对勘察设计的整个过程进行控制，包括工程进度、费用、方案及设计成果的控制，以满足合同要求。

4. 施工单位的质量控制

它是以工程承包合同、设计图纸和技术规范为依据，对施工准备、施工阶段、工程设备和材料、工程验收阶段以及保修期全过程进行工程质量的控制，以达到合同的要求。

四、质量保证和质量保证体系

(一) 质量保证

ISO 9000 族标准中质量保证的定义:质量保证是质量管理的一部分,致力于提供质量要求会得到满足的信任。

质量保证的内涵不是单纯地为了保证质量,保证质量是质量控制的任务,而质量保证是以保证质量为基础,进一步引申到提供信任这一基本目的,而信任是通过提供证据来达到的。质量控制和质量保证的某些活动是互相关联的,只有质量要求全面反映用户的要求,质量保证才能提供足够的信任。

证实具有质量保证能力的方法通常有:供方合格声明、提供形成文件的基本证据、提供其他顾客的认定证据、顾客亲自审核、由第三方进行审核、提供经国家认可的认证机构出具的认证证据。

根据目的不同将质量保证分为外部质量保证和内部质量保证。外部质量保证指在合同或其他情况下,向顾客或其他方提供足够的证据,表明产品、过程或体系满足质量要求,取得顾客和其他方的信任,让他们对质量放心。内部质量保证指在一个组织内部向管理者提供证据,以表明产品、过程或体系满足质量要求,取得管理者的信任,让管理者对质量放心。内部质量保证是组织领导的一种管理手段,外部质量保证才是其目的。

在工程建设中,质量保证的途径包括以下 3 种:

(1)以检验为手段的质量保证。这种质量保证,实质上是对工程质量效果是否合格作出评价,并不能通过它对工程质量加以控制。因此,它不能从根本上保证工程质量,只不过是质量保证工作的内容之一。

(2)以工序管理为手段的质量保证。这种质量保证,是通过对工序能力的研究,充分管理设计、施工工序,使之处于严格的控制之中,以此来保证最终的质量效果。但这种手段仅对设计、施工工序进行控制,并没有对规划和使用等阶段实行有关的质量控制。

(3)以开发新技术、新工艺、新材料、新设备为手段的质量保证。这种质量保证,是对工程从规划、设计、施工到使用的全过程实行的全面质量保证。它克服了前两种质量保证手段的不足,可以从根本上确保工程质量,是目前最高级的质量保证手段。

(二) 设计/施工单位的质量保证体系

质量保证体系是以保证和提高工程质量为目标,运用系统的概念和方法,把企业各部门、各环节的质量管理职能和活动合理组织起来,形成一个明确任务、职责、权限,而又互相协调、互相促进的管理网络和有机整体,使质量管理制度化、标准化,从而建造出用户满意的工程,形成一个有机的质量保证体系。

在工程项目实施过程中,质量保证是指企业对用户在工程质量方面作出担保和保证(承诺)。在承包人组织内部,质量保证是一种管理手段。在合同环境中,质量保证还被承包人用以向发包人提供信任。无论如何,质量保证都是承包人的行为。

设计/施工承包人的质量保证体系,是我国工程质量管理体系中最基础的部分,对于确保工程质量至关重要。只有使质量保证体系正常实施和运行,才能使建设单位、设计/施工承包人在风险、成本及利润 3 个方面达到最佳状态。

1. 质量保证体系主要内容

(1)有明确的质量方针、质量目标和质量计划。

(2)建立严格的质量责任制。

(3)设立专职质量管理机构和质量管理人员。

(4)实行质量管理业务标准化和管理流程程序化。

2. 质量保证体系组成

质量保证体系一般由下列子体系组成：

(1)思想保证子体系,是建立质量保证体系的前提和基础。要求参与项目实施和管理的全体人员树立"质量第一、用户第一"及"下道工序是用户""服务对象是用户"的观点,并掌握全面质量管理的基本思想、基本观点和基本方法。

(2)组织保证子体系,是工程建设中质量管理的组织系统与工程产品形成过程中有关的组织机构体系。工程质量是各项管理的综合反映,也是管理水平的具体体现,必须建立健全各级组织,分工负责,做到以预防为主,预防与检查相结合,形成一个有明确任务、职责、权限、互相协调和互相促进的有机整体。

(3)工作保证子体系,是参与工程建设规划、设计、施工和管理的各部门、各环节、各质量形成过程的工作质量保证子体系的综合。按工程产品形成的过程划分为勘察设计过程质量保证子体系、施工过程质量保证子体系、辅助生产过程质量保证子体系和使用过程质量保证子体系等。

工程建设质量保证体系的组成如图1-3所示。

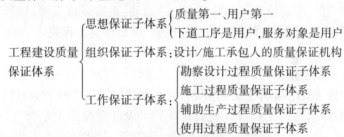

图1-3 工程建设质量保证体系的组成

图1-3中设计和施工两个过程的质量保证子体系,是工作保证子体系的重要组成部分,因为设计和施工这两个过程直接影响到工程质量的形成,而这两个过程中施工现场的质量保证子体系又是其核心和基础,是构成工作保证子体系的一个重要子体系,一般由工序管理和质量检验两个方面组成。

第二节 建设工程质量的形成过程及特点

水利工程建设程序❶一般分为项目建议书、可行性研究报告、施工准备、初步设计、建

---

❶ 水利工程建设程序,按《水利工程建设项目管理规定》《水利工程建设程序管理暂行规定》明确的建设程序执行。

设实施、生产准备、竣工验收、后评价等阶段。❶

一、工程形成各阶段对质量的影响

"百年大计,质量第一"是人们对建设工程项目质量重要性的高度概括。要实现对工程项目质量的控制,就必须严格执行工程建设程序,对工程建设过程中各个阶段的质量严格控制。工程项目具有周期长等特点,因为工程质量不是旦夕之间形成的,更不是检查出来的。工程建设各阶段紧密衔接,互相制约影响,所以工程建设的每阶段均对工程质量形成产生十分重要的影响。

(一)项目可行性研究对工程项目质量的影响

项目可行性研究是运用技术经济学原理,在对有关的技术、经济、社会、环境等所有方面进行调查研究的基础上,对各种可能的拟建方案和建成投产后的经济效益、社会效益和环境效益等进行技术经济分析、预测和论证,确定项目建设的可行性,并在可行的情况下提出最佳建设方案作为决策、设计的依据。在此阶段,需要确定工程项目的质量要求,并与投资目标相协调。因此,项目可行性研究直接影响项目的决策质量和设计质量。

项目可行性研究内容包括:①综述;②项目建设的必要性;③建设目标与任务;④建议方案;⑤方案论证;⑥可行性分析;⑦建设与运行管理;⑧投资估算及资金筹措;⑨效益分析与评价;⑩结论与建议。

(二)工程勘察设计阶段对工程项目质量的影响

建设工程勘察是指根据建设工程的要求,查明、分析、评价建设场地的地质地理环境特征和岩土工程条件,编制建设工程勘察文件的活动,是编制建设项目设计文件的依据。勘察单位编制建设工程勘察文件,应当真实、准确,满足建设工程规划、选址、设计、岩土治理和施工的需要。

建设工程设计是指根据建设工程的要求,对建设工程所需的技术、经济、资源、环境等条件进行综合分析、论证,编制建设工程设计文件的活动。工程项目设计阶段是根据已确定的质量目标和水平,通过工程设计使其具体化。设计在技术上是否可行、工艺是否先进、经济是否合理、设备是否配套、结构是否安全可靠等,都将决定着工程项目建成后的使用价值和功能。因此,设计阶段是影响工程项目质量的决定性环节。为强化设计质量的监督管理,《建设工程质量管理条例》❷确立了施工图设计文件审查制度。

(三)建设实施阶段对工程项目质量的影响

建设实施阶段是指主体工程的建设实施,项目法人按照批准的建设文件,组织工程建

---

❶　①《水利工程建设项目管理规定(试行)》1995 年 4 月 21 日水利部水建〔1995〕128 号发布,根据 2014 年 8 月 19 日《水利部关于废止和修改部分规章的决定》第一次修正,根据 2016 年 8 月 1 日《水利部关于废止和修改部分规章的决定》第二次修正;《水利工程建设程序管理暂行规定》1998 年 1 月 7 日水利部水建〔1998〕16 号发布,根据 2014 年 8 月 19 日《水利部关于废止和修改部分规章的决定》第一次修正,根据 2016 年 8 月 1 日《水利部关于废止和修改部分规章的决定》第二次修正,根据 2017 年 12 月 22 日《水利部关于废止和修改部分规章的决定》第三次修正,根据 2019 年 5 月 10 日《水利部关于修改部分规章的决定》第四次修正。

❷　《建设工程质量管理条例》2000 年 1 月 30 日中华人民共和国国务院令第 279 号发布,根据 2017 年 10 月 7 日《国务院关于修改部分行政法规的决定》第一次修订,根据 2019 年 4 月 23 日《国务院关于修改部分行政法规的决定》第二次修订。

设,保证项目建设目标的实现。项目法人要按照"政府监督、项目法人负责、社会监理、企业保证"的要求,建立健全质量管理体系,重要建设项目,须设立质量监督项目站,行使政府对项目建设的监督职能。其中,工程项目施工阶段是根据设计文件和图纸的要求,通过施工形成工程实体的重要过程。施工阶段直接影响工程的最终质量。因此,施工阶段是工程质量控制的关键环节。

项目法人要充分发挥建设管理的主导作用,为施工创造良好的建设条件,要充分授权工程监理,使之能独立负责项目的建设工期、质量、投资的控制和现场施工的组织协调。监理单位应当按照水利部的规定,取得《水利工程建设监理单位资质等级证书》,并在其资质等级许可的范围内承揽水利工程建设监理业务,监理业务实施必须符合《水利工程建设监理规定》❶的要求。

(四)工程竣工验收阶段对工程项目质量的影响

工程项目竣工验收阶段,就是对项目施工阶段的质量进行试车运转、检查评定,考核质量目标是否符合设计阶段的质量要求。这一阶段是工程建设向生产转移的必要环节,影响工程能否最终形成生产能力,体现了工程质量水平的最终结果。因此,工程竣工验收阶段是工程质量控制的最后一个重要环节。

综上所述,工程项目质量的形成是一个系统的过程,即工程质量是由可行性研究、工程设计、工程施工和竣工验收各阶段质量的综合反映。只有有效地控制各阶段的质量,才能确保工程项目质量目标的最终实现。

二、工程项目质量特点

工程项目建设由于涉及面广,是一个极其复杂的综合过程,特别是大型工程,具有建设周期长、影响因素多、施工复杂等特点,使得工程项目的质量不同于一般工业产品的质量,主要表现在以下几个方面。

(一)形成过程的复杂性

一般工业产品质量从设计、开发、生产、安装到服务各阶段,通常由一个企业来完成,质量易于控制。而工程产品质量由咨询单位、设计承包人、施工承包人、材料供应商等来完成,故质量形成过程比较复杂。

(二)影响因素多

工程项目质量的影响因素多,诸如决策、设计、材料、机械、施工工序、操作方法、技术措施、管理制度及自然条件等,都直接或间接地影响到工程项目的质量。

(三)波动性大

因为工程建设不像工业产品生产,有固定的生产流水线,有规范化的生产工艺和完善的检测技术,有成套的生产设备和稳定的生产环境。工程项目本身的复杂性、多样性和单件性,决定了其质量的波动性大。

(四)质量隐蔽性

工程项目在施工过程中,由于工序交接多、中间产品多、隐蔽工程多,若不及时检查并

---

❶ 《水利工程建设监理规定》2006 年 12 月 18 日水利部令第 28 号发布,根据 2017 年 12 月 22 日《水利部关于废止和修改部分规章的决定》修正。

发现其存在的质量问题,很容易产生第二类判断错误,即将不合格的产品误认为是合格的产品。

(五)终检的局限性

工程项目建成后不可能像一般工业产品那样依靠终检来判断产品质量,或将产品拆卸、解体来检查其内在的质量,或更换不合格零部件。而工程项目的终检(竣工验收)无法通过工程内在质量的检验发现隐蔽的质量缺陷。因此,工程项目的终检存在一定的局限性。这就要求工程质量控制应以预防为主,过程控制为主,防患于未然。

思考题

1. 什么叫质量、质量管理、质量控制、质量保证?
2. 全面质量管理有哪些基本观点?
3. 建设工程质量的内涵有哪些?
4. 试述工程形成各阶段对工程质量的影响。

第二章　水利工程质量监督和质量责任体系

《建设工程质量管理条例》明确规定,国家实行建设工程质量监督管理制度。水利工程建设要推行项目法人责任制、建设监理制、招标投标制,积极推行项目管理。项目法人、勘察、设计、施工、监理、检测、监测等单位人员,依照法律法规和有关规定,在工程合理使用年限内对工程质量承担相应责任。

第一节　水利工程质量监督管理

国务院建设行政主管部门对全国的建设工程质量实施统一监督管理。国务院铁路、交通、水利等有关部门按照国务院规定的职责分工,负责对全国的有关专业建设工程质量的监督管理。《水利工程质量管理规定》(水利部第52号令)规定,水利工程质量实行项目法人(建设单位)负责、监理单位控制、施工单位保证和政府监督相结合的质量管理体制。《水利工程质量监督管理规定》(水建〔1997〕339号)明确规定,水利工程质量监督机构是水行政主管部门对水利工程进行监督管理的专职机构,对水利工程质量进行强制性的监督管理。其目的在于维护社会公共利益,保证技术性法规和标准贯彻执行,不代替项目法人(建设单位)、监理、设计、施工单位的质量管理工作。

一、水利工程质量监督机构的设置及其职责

水利工程,是指防洪、除涝、灌溉、水力发电、供水、围垦等(包括配套与附属工程)各类水利工程。❶

(一)水利工程质量监督机构的设置

水利部主管全国水利工程质量监督工作。水利工程质量监督机构按总站、中心站、站三级设置。

(1)水利部设置全国水利工程质量监督总站,办事机构设在建设司。水利水电规划设计管理局设置水利工程设计质量监督分站,各流域机构设置流域水利工程质量监督分站作为总站的派出机构。

(2)各省、自治区、直辖市水利(水电)厅(局),新疆生产建设兵团水利局设置水利工程质量监督中心站。

(3)各地(市)水利(水电)局设置水利工程质量监督站。各级质量监督机构隶属于同级水行政主管部门,业务上接受上一级质量监督机构的指导。

水利工程质量监督项目站(组),是相应质量监督机构的派出单位。

---

❶ 《水利工程质量事故处理暂行规定》1999年3月4日水利部令第9号发布。

(二)水利工程质量监督机构主要职责

全国水利工程质量监督总站负责全国水利工程的监督和管理,其主要职责包括:贯彻执行国家和水利部有关工程建设质量管理的方针、政策;制定水利工程质量监督、检测有关规定和办法,并监督实施;归口管理全国水利工程的质量监督工作,指导各分站、中心站的质量监督工作;对部直属重点工程组织实施质量监督,参加工程的阶段验收和竣工验收;监督有争议的重大工程质量事故的处理;掌握全国水利工程质量动态,组织交流全国水利工程质量监督工作经验,组织培训质量监督人员,开展全国水利工程质量检查活动。

水利工程设计质量监督分站受总站委托承担的主要任务包括:归口管理全国水利工程的设计质量监督工作;负责设计全面质量管理工作;掌握全国水利工程的设计质量动态,定期向总站报告设计质量监督情况。

各流域水利工程质量监督分站对本流域内下列工程项目实施质量监督:总站委托监督的部属水利工程;中央与地方合资项目,监督方式由分站和中心站协商确定;省(自治区、直辖市)界及国际边界河流上的水利工程。市(地)水利工程质量监督站的职责,由各中心站进行制定。项目站(组)职责应根据相关规定及项目实际情况进行制定。

二、水利工程质量监督机构监督程序及主要工作内容

项目法人(或建设单位)应在工程开工前到相应的水利工程质量监督机构办理监督手续,签订《水利工程质量监督书》。

水利工程建设项目质量监督方式以抽查为主。大型水利工程应建立质量监督项目站,中、小型水利工程可根据需要建立质量监督项目站(组),或进行巡回监督。

工程质量监督的主要内容有:

(1)对监理、设计、施工和有关产品制作单位的资质进行复核。

(2)对建设、监理单位的质量检查体系和施工单位的质量保证体系以及设计单位现场服务等实施监督检查。

(3)对工程项目的单位工程、分部工程、单元工程的划分进行监督检查。

(4)监督检查技术规程、规范和质量标准的执行情况。

(5)检查施工单位和建设、监理单位对工程质量检验和质量评定情况。

(6)在工程竣工验收前,对工程质量进行等级核定,编制工程质量评定报告,并向工程竣工验收委员会提出工程质量等级的建议。

工程建设、监理、设计和施工单位在工程建设阶段,必须接受质量监督机构的监督。工程竣工验收前,必须经质量监督机构对工程质量进行等级核验。未经工程质量等级核验或者核验不合格的工程,不得交付使用。

三、水利工程质量检测

在监督过程中,质量检测是进行质量监督和质量检查的重要手段。根据需要,质量监督机构可委托经计量认证合格的检测单位,对水利工程有关部位以及所采用的建筑材料和工程设备进行抽样检测。水利工程质量检测单位,必须取得省级以上计量认证合格证书,并经水利工程质量监督机构授权,方可从事水利工程质量检测工作,检测人员必须持

证上岗。

质量监督机构根据工作需要,可委托水利工程质量检测单位承担以下主要任务:

(1)核查受监督工程参建单位的试验室装备、人员资质、试验方法及成果等。

(2)根据需要对工程质量进行抽样检测,提出检测报告。

(3)参与工程质量事故分析和研究处理方案。

(4)质量监督机构委托的其他任务。

水利部水利工程质量监督机构认定的水利工程质量检测机构出具的数据是全国水利系统的最终检测。各省级水利工程质量监督机构认定的水利工程质量检测机构所出具的检测数据是本行政区域内水利系统的最高检测。

四、监督管理

(1)县级以上人民政府水行政主管部门、流域管理机构在管辖范围内负责对水利工程质量的监督管理:

①贯彻执行水利工程质量管理的法律、法规、规章和工程建设强制性标准,并组织对贯彻落实情况实施监督检查。

②制定水利工程质量管理制度。

③组织实施水利工程建设项目的质量监督。

④组织、参与水利工程质量事故的调查与处理。

⑤建立举报渠道,受理水利工程质量投诉、举报。

⑥履行法律法规规定的其他职责。

(2)县级以上人民政府水行政主管部门可以委托水利工程质量监督机构具体承担水利工程建设项目的质量监督工作。县级以上人民政府水行政主管部门、流域管理机构可以采取购买技术服务的方式对水利工程建设项目实施质量监督。

(3)县级以上人民政府水行政主管部门、流域管理机构、受委托的水利工程质量监督机构应当采取抽查等方式,对水利工程建设有关单位的质量行为和工程实体质量进行监督检查。有关单位和个人应当支持与配合,不得拒绝或者阻碍质量监督检查人员依法执行职务。水利工程质量监督工作主要包括以下内容:

①核查项目法人、勘察、设计、施工、监理、质量检测等单位和人员的资质或者资格。

②检查项目法人、勘察、设计、施工、监理、质量检测、监测等单位履行法律、法规、规章规定的质量责任情况。

③检查工程建设强制性标准执行情况。

④检查工程项目质量检验和验收情况。

⑤检查原材料、中间产品、设备和工程实体质量情况。

⑥实施其他质量监督工作。

质量监督工作不代替项目法人、勘察、设计、施工、监理及其他单位的质量管理工作。

(4)县级以上人民政府水行政主管部门、流域管理机构、受委托的水利工程质量监督机构履行监督检查职责时,依法采取下列措施:

①要求被监督检查单位提供有关工程质量等方面的文件和资料。

②进入被监督检查工程现场和其他相关场所进行检查、抽样检测等。

（5）县级以上人民政府水行政主管部门、流域管理机构、受委托的水利工程质量监督机构履行监督检查职责时，发现有下列行为之一的，责令改正，采取处理措施：

①项目法人质量管理机构和人员设置不满足工程建设需要，质量管理制度不健全，未组织编制工程建设执行技术标准清单，未组织或者委托监理单位组织勘察、设计交底，未按照规定履行设计变更手续，对发现的质量问题未组织整改落实的。

②勘察、设计单位未严格执行勘察、设计文件的校审、会签、批准制度，未按照规定进行勘察、设计交底，未按照规定在施工现场设立设计代表机构或者派驻具有相应技术能力的人员担任设计代表，未按照规定参加工程验收，未按照规定执行设计变更，对发现的质量问题未组织整改落实的。

③施工单位未经项目法人书面同意擅自更换项目经理或者技术负责人，委托不具有相应资质等级的水利工程质量检测单位对检测项目实施检测，单元工程（工序）施工质量未经验收或者验收不通过擅自进行下一单元工程（工序）施工，隐蔽工程未经验收或者验收不通过擅自隐蔽，伪造工程检验或者验收资料，对发现的质量问题未组织整改落实的。

④监理单位未经项目法人书面同意擅自更换总监理工程师或者监理工程师，未对施工单位的施工质量管理体系、施工组织设计、专项施工方案、归档文件等进行审查，伪造监理记录和平行检验资料，对发现的质量问题未组织整改落实的。

⑤有影响工程质量的其他问题的。

（6）项目法人应当将重要隐蔽单元工程及关键部位单元工程、分部工程、单位工程质量验收结论报送承担项目质量监督的水行政主管部门或者流域管理机构。

第二节　水利工程质量责任体系

质量责任单位是指承担水利工程项目建设的单位，包括建设、勘察、设计、施工、监理等单位。水利工程实行工程质量终身责任制。项目法人或者建设单位（统称项目法人）对水利工程质量承担首要责任。勘察、设计、施工、监理单位对水利工程质量承担主体责任，分别对工程的勘察质量、设计质量、施工质量和监理质量负责。检测、监测单位以及原材料、中间产品、设备供应商等单位依据有关规定和合同，分别对工程质量承担相应责任。

一、项目法人质量责任

水利工程项目法人对建设项目的立项、筹资、建设、生产经营、还本付息以及资产保值增值的全过程负责，并承担投资风险。代表项目法人对建设项目进行管理的建设单位是项目建设的直接组织者和实施者。负责按项目的建设规模、投资总额、建设工期、工程质量，实行项目建设的全过程管理，对国家或投资各方负责。❶

---

　　❶　《水利工程建设项目管理规定（试行）》1995 年 4 月 21 日水利部水建〔1995〕128 号发布，根据 2014 年 8 月 19日《水利部关于废止和修改部分规章的决定》第一次修正，根据 2016 年 8 月 1 日《水利部关于废止和修改部分规章的决定》第二次修正。

（1）项目法人应当根据水利工程的规模和技术复杂程度明确质量管理机构，建立健全质量管理制度，落实质量责任，实施工程建设的全过程质量管理。

（2）项目法人应当将工程依法发包给具有相应资质等级的单位。项目法人与参建单位签订的合同文件中，应当包括工程质量条款，明确工程质量要求，并约定合同各方的质量责任。项目法人应当依法向有关的勘察、设计、施工、监理等单位提供与工程有关的原始资料。原始资料必须真实、准确、齐全。

（3）项目法人不得迫使市场主体以低于成本的价格竞标，不得任意压缩合理工期。项目法人不得明示或者暗示勘察、设计、施工单位违反工程建设强制性标准，降低工程质量；不得明示或者暗示施工单位使用不合格的原材料、中间产品和设备。

（4）项目法人应当按照国家有关规定办理工程质量监督及开工备案手续，并书面明确各参建单位项目负责人和技术负责人。

（5）项目法人应当依据经批准的设计文件，组织编制工程建设执行技术标准清单，明确工程建设质量标准。

（6）项目法人应当组织开展施工图设计文件审查。未经审查合格的施工图设计文件，不得使用。项目法人应当组织或者委托监理单位组织有关参建单位进行勘察、设计交底。项目法人应当加强设计变更管理，按照规定履行设计变更程序。设计变更未经审查同意的，不得擅自实施。

（7）项目法人应当严格依照有关法律、法规、规章、技术标准、批准的设计文件和合同开展验收工作。工程质量符合相关要求的，方可通过验收。

（8）项目法人应当对参建单位的质量行为和工程实体质量进行检查，对发现的问题组织责任单位进行整改落实。对发生严重违规行为和质量事故的，项目法人应当及时报告具有管辖权的水行政主管部门或者流域管理机构。

（9）工程开工后，项目法人应当在工程施工现场明显部位设立质量责任公示牌，公示项目法人、勘察、设计、施工、监理等参建单位的名称、项目负责人姓名以及质量举报电话，接受社会监督。工程竣工验收后，项目法人应当在工程明显部位设置永久性标志，载明项目法人、勘察、设计、施工、监理等参建单位名称、项目负责人姓名。

（10）项目法人应当按照档案管理的有关规定，及时收集、整理并督促指导其他参建单位收集、整理工程建设各环节的文件资料，建立健全项目档案，并在工程竣工验收后，办理移交手续。

（11）水利工程建设实行代建、项目管理总承包等管理模式的，代建、项目管理总承包等单位按照合同约定承担相应质量责任，不替代项目法人的质量责任。

二、勘察、设计单位质量责任

（1）勘察、设计单位应当在其资质等级许可的范围内承揽水利工程勘察、设计业务，禁止超越资质等级许可的范围或者以其他勘察、设计单位的名义承揽水利工程勘察、设计业务，禁止允许其他单位或者个人以本单位的名义承揽水利工程勘察、设计业务，不得转包或者违法分包所承揽的水利工程勘察、设计业务。

（2）勘察、设计单位应当依据有关法律、法规、规章、技术标准、规划、项目批准文件进行勘察、设计,严格执行工程建设强制性标准,保障工程勘察、设计质量。

(3)勘察、设计单位应当依照有关规定建立健全勘察、设计质量管理体系,加强勘察、设计过程质量控制,严格执行勘察、设计文件的校审、会签、批准制度。

(4)勘察单位提供的地质、测量、水文等勘察成果必须真实、准确,符合国家和相关行业规定的勘察深度要求。

(5)设计单位应当根据勘察成果文件进行设计,提交的设计文件应当符合相关技术标准规定的设计深度要求,并注明工程及其水工建筑物合理使用年限。水利工程施工图设计文件,应当以批准的初步设计文件以及设计变更文件为依据。

(6)设计单位在设计文件中选用的原材料、中间产品和设备,应当注明规格、型号、性能等技术指标,其质量要求必须符合国家规定的标准。除有特殊要求的原材料、中间产品和设备外,设计单位不得指定生产厂家和供应商。

(7)勘察、设计单位应当在工程施工前,向施工、监理等有关参建单位进行交底,对施工图设计文件作出详细说明,并对涉及工程结构安全的关键部位进行明确。

(8)勘察、设计单位应当及时解决施工中出现的勘察、设计问题。设计单位应当根据工程建设需要和合同约定,在施工现场设立设计代表机构或者派驻具备相应技术能力的人员担任设计代表,及时提供设计文件,按照规定做好设计变更。设计单位发现违反设计文件施工的情况,应当及时通知项目法人和监理单位。

(9)勘察、设计单位应当按照有关规定参加工程验收,并在验收中对施工质量是否满足设计要求提出明确的评价意见。

(10)设计单位应当参与水利工程质量事故分析,提出相应的技术处理方案。

三、施工单位质量责任

(1)施工单位应当在其资质等级许可的范围内承揽水利工程施工业务,禁止超越资质等级许可的业务范围或者以其他施工单位的名义承揽水利工程施工业务,禁止允许其他单位或者个人以本单位的名义承揽水利工程施工业务,不得转包或者违法分包所承揽的水利工程施工业务。

(2)施工单位必须按照批准的设计文件和有关技术标准施工,不得擅自修改设计文件,不得偷工减料。施工单位发现设计文件和图纸有差错的,应当及时向项目法人、设计单位、监理单位提出意见和建议。施工单位应当严格控制施工过程质量,保证施工质量。

(3)施工单位应当建立健全施工质量管理体系,根据工程施工需要和合同约定,设置现场施工管理机构,配备满足施工需要的管理人员,落实质量责任制。施工单位一般不得更换派驻现场的项目经理和技术负责人;确需更换的,应当经项目法人书面同意,且更换后的人员资格不得低于合同约定的条件。

(4)水利工程的勘察、设计、施工、设备采购的一项或者多项实行总承包的,总承包单位对其承包的工程或者采购的设备质量负责。总承包单位依法将工程分包给其他单位的,分包单位按照分包合同的约定对其分包工程的质量向总承包单位负责,总承包单位与分包单位对分包工程的质量承担连带责任。分包单位应当接受总承包单位的质量管理。禁止分包单位将其承包的工程再分包。

（5）施工单位必须按照经批准的设计文件、有关技术标准和合同约定，对原材料、中间产品、设备以及单元工程（工序）等进行质量检验，检验应当有检查记录或者检测报告，并有专人签字，确保数据真实可靠。对涉及结构安全的试块、试件以及有关材料，应当在项目法人或者监理单位监督下现场取样。未经检验或者检验不合格的不得使用。前款规定的质量检测业务按照有关规定由具有相应资质等级的水利工程质量检测单位承担。

（6）施工单位应当严格执行工程验收制度。单元工程（工序）未经验收或者验收不通过的，不得进行下一单元工程（工序）施工。施工单位应当做好隐蔽工程的质量检查和记录，隐蔽工程在隐蔽前，施工单位应当通知项目法人和水利工程质量监督机构。隐蔽工程未经验收或者验收不通过的，不得隐蔽。

（7）施工单位应当加强施工过程质量控制，形成完整、可追溯的施工质量管理文件资料，并按照档案管理的有关规定进行收集、整理和归档。主体工程的隐蔽部位施工、质量问题处理等，必须保留照片、音视频文件资料并归档。

（8）对出现施工质量问题的工程或者验收不合格的工程，施工单位应当负责返修或者重建。

（9）水利工程在保修范围和保修期限内发生质量问题的，施工单位应当履行保修义务，并对造成的损失承担赔偿责任。水利工程的保修范围、期限，应当在施工合同中约定。

（10）发生质量事故时，施工单位应当采取措施防止事故扩大，保护事故现场，并及时通知项目法人、监理单位，接受质量事故调查。

四、监理单位质量责任

水利工程建设项目依法实行建设监理。水利工程建设监理，是指具有相应资质的水利工程建设监理单位（简称监理单位），受项目法人（建设单位，下同）委托，按照监理合同对水利工程建设项目实施中的质量、进度、资金、安全生产、环境保护等进行的管理活动，包括水利工程施工监理、水土保持工程施工监理、机电及金属结构设备制造监理、水利工程建设环境保护监理。❶

（1）监理单位应当在其资质等级许可的范围内承担水利工程监理业务，禁止超越资质等级许可的范围或者以其他监理单位的名义承担水利工程监理业务，禁止允许其他单位或者个人以本单位的名义承担水利工程监理业务，不得转让其承担的水利工程监理业务。

（2）监理单位应当依照国家有关法律、法规、规章、技术标准、批准的设计文件和合同，对水利工程质量实施监理。

（3）监理单位应当建立健全质量管理体系，按照工程监理需要和合同约定，在施工现场设置监理机构，配备满足工程建设需要的监理人员，落实质量责任制。现场监理人员应当按照规定持证上岗。总监理工程师和监理工程师一般不得更换；确需更换的，应当经项目法人书面同意，且更换后的人员资格不得低于合同约定的条件。

---

❶ 《水利工程建设监理规定》2006 年 12 月 18 日水利部令第 28 号发布，根据 2017 年 12 月 22 日《水利部关于废止和修改部分规章的决定》修正。

（4）监理单位应当对施工单位的施工质量管理体系、施工组织设计、专项施工方案、归档文件等进行审查。

（5）监理单位应当按照有关技术标准和合同要求，采取旁站、巡视、平行检验和见证取样检测等形式，复核原材料、中间产品、设备和单元工程（工序）质量。未经监理工程师签字，原材料、中间产品和设备不得在工程上使用或者安装，施工单位不得进行下一单元工程（工序）的施工。未经总监理工程师签字，项目法人不拨付工程款，不进行竣工验收。平行检验中需要进行检测的项目按照有关规定由具有相应资质等级的水利工程质量检测单位承担。

（6）监理单位不得与被监理工程的施工单位以及原材料、中间产品和设备供应商等单位存在隶属关系或者其他利害关系。监理单位不得与项目法人或者被监理工程的施工单位串通，弄虚作假、降低工程质量。

五、其他单位质量责任

（1）水利工程质量检测单位应当在资质等级许可的范围内承揽水利工程质量检测业务，禁止超越资质等级许可的范围或者以其他单位的名义承揽水利工程质量检测业务，禁止允许其他单位或者个人以本单位的名义承揽水利工程质量检测业务，不得转让承揽的水利工程质量检测业务。原材料、中间产品和设备供应商等单位应当在生产经营许可范围内承担相应业务。

（2）质量检测单位应当依照有关法律、法规、规章、技术标准和合同，及时、准确地向委托方提交质量检测报告并对质量检测成果负责。质量检测单位应当建立检测结果不合格项目台账，并将可能形成质量隐患或者影响工程正常运行的检测结果及时报告委托方。

（3）监测单位应当依照有关法律、法规、规章、技术标准和合同，做好监测仪器设备检验、埋设、安装、调试和保护工作，保证监测数据连续、可靠、完整，并对监测成果负责。监测单位应当按照合同约定进行监测资料分析，出具监测报告，并将可能反映工程安全隐患的监测数据及时报告委托方。

（4）质量检测单位、监测单位不得出具虚假和不实的质量检测报告、监测报告，不得篡改或者伪造质量检测数据、监测数据。任何单位和个人不得明示或者暗示质量检测单位、监测单位出具虚假和不实的质量检测报告、监测报告，不得篡改或者伪造质量检测数据、监测数据。

（5）原材料、中间产品和设备供应商等单位提供的原材料、中间产品和设备应当满足有关技术标准、经批准的设计文件和合同要求。

为了加强水利工程质量管理，保证水利工程质量，推动水利工程建设高质量发展，有违反《水利工程质量管理规定》中质量管理行为的，依照《中华人民共和国建筑法》《建设工程质量管理条例》《建设工程勘察设计管理条例》等法律、行政法规规定，追究相应的法律责任。县级以上人民政府水行政主管部门、流域管理机构应当依照有关规定加强对水利工程建设项目法人、勘察、设计、施工、监理、检测、监测等单位的信用监管，对相关单位的行政处罚、行政处理决定信息，依照有关规定记入其信用记录。

思考题

1. 什么是质量监督？水利工程质量监督机构的设置有哪些？
2. 项目法人的质量责任有哪些？
3. 施工单位的质量责任有哪些？

第三章　工程勘察设计和招标投标
阶段质量控制

工程勘察设计是工程建设的先导和灵魂,对工程整体质量起着关键作用。从事建设工程勘察、设计活动,应当坚持先勘察、后设计、再施工的原则。而招标是运用市场机制体现价值规律的科学管理模式,有助于促进全行业的技术进步和管理水平的提高,使我国工程建设项目质量得以保障。

第一节　工程勘察设计阶段的质量控制

建设工程勘察,是指根据建设工程的要求,查明、分析、评价建设场地的地质地理环境特征和岩土工程条件,编制建设工程勘察文件的活动。建设工程设计,是指根据建设工程的要求,对建设工程所需的技术、经济、资源、环境等条件进行综合分析、论证,编制建设工程设计文件的活动。它们是工程建设前期的关键环节,对建设工程的质量起着决定性作用,因此勘察设计阶段是建设过程中的一个重要阶段。

一、工程勘察

项目法人将设计任务委托给设计承包商后,设计承包商根据建设项目的内容、规模、建设场地特征等有关设计条件提出需要设计前或同时进行的有关科研、勘察要求。项目法人选定勘察单位后,视情况可派监理人员进行监理。最后将勘察单位提交的勘察报告组织审查,并向上级单位进行备案。正式成果副本转交设计院,作为设计的依据。

(一)勘察单位的选择

(1)资质审查。工程勘察资质分为工程勘察综合资质、工程勘察专业资质、工程勘察劳务资质。工程勘察综合资质只设甲级;工程勘察专业资质根据工程性质和技术特点设立类别和级别;工程勘察劳务资质不分级别。取得工程勘察综合资质的企业,承接工程勘察业务范围不受限制;取得工程勘察专业资质的企业,可以承接同级别相应专业的工程勘察业务;取得工程勘察劳务资质的企业,可以承接岩土工程治理、工程钻探、凿井等工程勘察劳务工作。

(2)审查待选单位的技术装备、试验基地、技术力量和财务能力。要求有足够的试验场地(以便筹建大型试验模型),以及足够精度的测试设备,技术力量足以胜任工程的任务。

(3)主要人员的资历、经历、业绩等。

(二)勘察工作程序

一般情况下,勘察工作程序包括:

(1)选定设计单位,签订设计合同。

（2）设计单位根据建设项目的性质、项目法人所提的设计条件和设计所需要的技术资料，按照规范、规程的技术标准和技术要求，提出勘察工作委托书纲要，设计单位自审后交项目法人。

（3）项目法人审核委托书纲要，并和设计单位协调一致后，写出正式委托书。

（4）选择勘察单位，签订勘察合同。

（5）勘察人员进场作业，在作业过程中应注意勘察单位与设计单位沟通。进行质量控制、进度控制、投资控制。

（6）组织有关部门和设计、勘察单位审查勘察成果。

（三）勘察工作主要内容

由于建设工程的性质、规模、复杂程度不同，以及建设的地点不同，设计所需要的技术条件千差万别，设计前所做的勘察工作也就不同。一般包括以下内容：

（1）自然条件观测。主要是气候、气象条件的观测，陆上和海洋的水文观测等。建设地点如有相应测绘并已有相应的累积资料，则可直接使用；若没有，则需要建站进行观测。

（2）地形图测绘。包括陆上和海洋的工程测量，地形图的测绘工作。供规划设计用的工程地形图，一般都需要观测。

（3）资源探测。包括生物资源和非生物资源。这部分探测一般由国家设计机构进行，项目法人只需要进行一些补充。

（4）岩土工程勘察。根据工程性质不同，勘察的深度也不同。

（5）地震安全性评价。本工作一般在可行性研究阶段完成。

（6）工程水文地质勘察。主要解决地下水对工程造成的危害、影响或寻找地下水源作为工程水源加以利用。

（7）环境评价。本工作一般在可行性研究阶段完成。

（8）模型试验和科研项目。许多大型项目和特殊项目，其建设条件须有模型试验和科学研究方能解决。如水利枢纽设计前要做泥沙模型试验，港口设计前要做港池和航道的淤积研究等。

二、工程设计阶段

从狭义角度，我国目前的设计阶段可以分为两个阶段：初步设计阶段和施工图设计阶段。设计内容包括：初步设计、概算，施工图设计、预算。对于一些复杂的，采用新工艺、新技术的项目，可以在初步设计之后增加技术设计阶段。

进行设计阶段的质量控制，首先应该选择一个优秀的承包商，在选择承包商时，应注意：承包商的资质；取得工程设计综合资质的企业，其承接工程设计业务范围不受限制；取得工程设计行业资质的企业，可以承接同级别相应行业的工程设计业务；取得工程设计专项资质的企业，可以承接同级别相应的专项工程设计业务。取得工程设计行业资质的企业，可以承接本行业范围内同级别的相应专项工程设计业务，不需再单独领取工程设计专项资质。除资质之外，还应审查承包商的业绩、信誉以及设计人员的资历。初步设计阶段，主要应该注意：

（1）设计方案优化。初步设计的第一个任务就是确定一个设计方案。设计承包人应保证方案比较深度,每个方案都应有适当的勘察和计算分析工作,保证确定的设计方案的质量,避免好的方案漏选。对设计方案的选择重点是设计方案的设计参数、设计标准、设备、结构造型、功能和使用价值等方面是否满足适用、经济、安全、可靠的要求。

(2)保证设计总目标实现。设计承包人应严格按设计任务书的要求进行设计,如果需要改动任务书某个局部的质量目标,必须征得项目法人的同意。

(3)应该在保证质量总目标的前提下,尽量降低造价,提高投资效益。

(4)设计报告经审查,重点审查所采用的技术方案是否符合总体方案的要求,是否达到项目决策的质量标准;同时审查工程概算是否控制在限额之内。若审查通过,报主管部门批准进行立项。经主管部门批准立项的工程可以开始做施工图设计。

第二节　招标投标阶段的质量控制

水利工程建设项目的招标投标活动包括勘察设计、施工、监理以及与水利工程建设有关的重要设备、材料采购等的招标投标活动。

一、水利工程招标范围和规模标准

为加强水利工程建设项目招标投标工作的管理,规范招标投标活动,根据《中华人民共和国招标投标法》和国家有关规定,结合水利工程建设的特点制定的《水利工程建设项目招标投标管理规定》❶适用于水利工程建设项目的勘察设计、施工、监理以及与水利工程建设有关的重要设备、材料采购等的招标投标活动。符合下列具体范围并达到规模标准之一的水利工程建设项目必须进行招标。

(一)具体范围

(1)关系社会公共利益、公共安全的防洪、排涝、灌溉、水力发电、引(供)水、滩涂治理、水土保持、水资源保护等水利工程建设项目。

(2)使用国有资金投资或者国家融资的水利工程建设项目。

(3)使用国际组织或者外国政府贷款、援助资金的水利工程建设项目。

(二)规模标准

(1)施工单项合同估算价在 200 万元人民币以上的。

(2)重要设备、材料等货物的采购,单项合同估算价在 100 万元人民币以上的。

(3)勘察设计、监理等服务的采购,单项合同估算价在 50 万元人民币以上的。

(4)项目总投资额在 3 000 万元人民币以上,但分标单项合同估算价低于本项第(1)、(2)、(3)目规定标准的项目原则上都必须招标。

(三)招标投标原则

招标投标活动应当遵循公开、公平、公正和诚实信用的原则。建设项目的招标工作由招标人负责,任何单位和个人不得以任何方式非法干涉招标投标活动。

---

❶ 《水利工程建设项目招标投标管理规定》2001 年 10 月 29 日水利部令第 14 号发布。

(四) 招标形式

招标分为公开招标和邀请招标。

1. 公开招标

依法必须招标的项目中,国家重点水利项目、地方重点水利项目及全部使用国有资金投资或者国有资金投资占控股或者主导地位的项目应当公开招标。

2. 邀请招标

但有下列情况之一的,按规定经批准后可采用邀请招标:

(1)项目总投资额在3 000万元人民币以上,但分标单项合同估算价低于规定的标准的项目。

(2)项目技术复杂,有特殊要求或涉及专利权保护,受自然资源或环境限制,新技术或技术规格事先难以确定的项目。

(3)应急度汛项目。

(4)其他特殊项目。

3. 批准手续

采用邀请招标的,招标前招标人必须履行下列批准手续:

(1)国家重点水利项目经水利部初审后,报国家发展计划委员会批准;其他中央项目报水利部或其委托的流域管理机构批准。

(2)地方重点水利项目经省、自治区、直辖市人民政府水行政主管部门会同同级发展计划行政主管部门审核后,报本级人民政府批准;其他地方项目报省、自治区、直辖市人民政府水行政主管部门批准。

(3)下列项目可不进行招标,但须经项目主管部门批准:

①涉及国家安全、国家秘密的项目。

②应急防汛、抗旱、抢险、救灾等项目。

③项目中经批准使用农民投工、投劳施工的部分(不包括该部分中勘察设计、监理和重要设备、材料采购)。

④不具备招标条件的公益性水利工程建设项目的项目建议书和可行性研究报告。

⑤采用特定专利技术或特有技术的。

⑥其他特殊项目。

二、招标

招标工作一般按下列程序进行。

(1)招标前,按项目管理权限向水行政主管部门提交招标报告备案。报告具体内容应当包括:招标已具备的条件、招标方式、分标方案、招标计划安排、投标人资质(资格)条件、评标方法、评标委员会组建方案以及开标、评标的工作具体安排等。

①申请招标。

建设市场的行为必须受市场的监督管理,因此工程施工招标必须经过建设主管部门的招标投标管理机构批准后才可以进行。建设项目的实施必须符合国家制定的基本建设管理程序,按照有关建设法规的规定,向有关建设行政主管部门申请进行招标,招标人应满足建设法规规定的资质能力条件和招标条件才能进行招标。当招标人不具备条件时，应当委托符合相应条件的招标代理机构办理招标事宜。

当招标人具备以下条件时，按有关规定和管理权限经核准可自行办理招标事宜：

a. 具有项目法人资格(或法人资格)。

b. 具有与招标项目规模和复杂程度相适应的工程技术、概预算、财务和工程管理等方面专业技术力量。

c. 具有编制招标文件和组织评标的能力。

d. 具有从事同类工程建设项目招标的经验。

e. 设有专门的招标机构或者拥有 3 名以上专职招标业务人员。

f. 熟悉和掌握招标投标法律、法规、规章。

②申请招标报送材料。

招标人申请自行办理招标事宜时，应当报送以下书面材料：

a. 项目法人营业执照、法人证书或者项目法人组建文件。

b. 与招标项目相适应的专业技术力量情况。

c. 内设的招标机构或者专职招标业务人员的基本情况。

d. 拟使用的评标专家库情况。

e. 以往编制的同类工程建设项目招标文件和评标报告，以及招标业绩的证明材料。

f. 其他材料。

③水利工程建设项目招标应当具备的条件。

a. 勘察设计招标应当具备的条件：勘察设计项目已经确定；勘察设计所需资金已落实；必需的勘察设计基础资料已收集完成。

b. 监理招标应当具备的条件：初步设计已经批准；监理所需资金已落实；项目已列入年度计划。

c. 施工招标应当具备的条件：初步设计已经批准；建设资金来源已落实，年度投资计划已经安排；监理单位已确定；具有能满足招标要求的设计文件，已与设计单位签订适应施工进度要求的图纸交付合同或协议；有关建设项目永久征地、临时征地和移民搬迁的实施、安置工作已经落实或已有明确安排。

d. 重要设备、材料招标应当具备的条件：初步设计已经批准；重要设备、材料技术经济指标已基本确定；设备、材料所需资金已落实。

④选择招标方式。

选择什么方式招标，是由项目法人决定的。主要是依据自身的管理能力、设计的进度情况、建设项目本身的特点、外部环境条件等因素充分考虑比较后，首先决定施工阶段的分标数量和合同类型，再确定招标方式。

(2)编制招标文件。

招标人应当根据国家有关规定、结合项目特点和需要编制招标文件。建设工程的发包数量、合同类型和招标方式一经确定后，即应编制招标文件。包括：招标广告；资格预审文件；招标文件；协议书以及评标办法等。

招标文件中应当明确投标保证金金额，一般可按以下标准控制：

①合同估算价 10 000 万元人民币以上,投标保证金金额不超过合同估算价的千分之五。

②合同估算价 3 000 万元至 10 000 万元人民币之间,投标保证金金额不超过合同估算价的千分之六。

③合同估算价 3 000 万元人民币以下,投标保证金金额不超过合同估算价的千分之七,但最低不得少于 1 万元人民币。

编制标底是工程项目招标前的一项重要准备工作,而且是比较复杂而又细致的工作。标底是进行评标的依据之一,通常委托设计单位或监理单位来做。标底须报请主管部门审定,审定后保密封存至开标时,不得泄露。

(3)发布招标信息(招标公告或投标邀请书)。

采用公开招标方式的项目,招标人应当在国家发展计划委员会指定的媒介发布招标公告,其中大型水利工程建设项目以及国家重点项目、中央项目、地方重点项目同时还应当在《中国水利报》发布招标公告,公告正式媒介发布至发售资格预审文件(或招标文件)的时间间隔一般不少于 10 日。招标人应当对招标公告的真实性负责。招标公告不得限制潜在投标人的数量。

采用邀请招标方式的,招标人应当向 3 个以上有投标资格的法人或其他组织发出投标邀请书。

投标人少于 3 个的,招标人应当依照规定重新招标。

(4)发售资格预审文件。

资格预审是投标申请单位整体资格的综合评定,主要包括:法人资格;商业信誉;财务能力;技术能力;施工经验等。

(5)按规定日期接受潜在投标人编制的资格预审文件。

(6)组织对潜在投标人资格预审文件进行审核。

招标人应当对投标人进行资格审查,并提出资格审查报告,经参审人员签字后存档备查。在一个项目中,招标人应当以相同条件对所有潜在投标人的资格进行审查,不得以任何理由限制或者排斥部分潜在投标人。

(7)向资格预审合格的潜在投标人发售招标文件。

招标文件应当按其制作成本确定售价,一般可按 1 000~3 000 元人民币标准控制。

(8)组织购买招标文件的潜在投标人现场踏勘。

依法必须进行招标的项目,自招标文件开始发出之日起至投标人提交投标文件截止之日止,最短不应当少于 20 日。其目的主要是让投标人了解招标现场的自然条件、施工条件、周围环境和调查当地的市场价格,以便进行报价。另外,要求投标人通过自己的实地考察,以确定投标的策略和投标原则,避免实施过程中承包商以不了解实际为理由推卸应承担的合同责任。

(9)接受投标人对招标文件有关问题要求澄清的函件,对问题进行澄清,并书面通知所有潜在投标人。

招标单位在招标文件规定的日期(投标截止日期前),为解答投标人研究招标文件和现场考察中所提出的有关质疑问题组织标前会议进行解答。

招标人对已发出的招标文件进行必要澄清或者修改的,应当在招标文件要求提交投标文件截止日期至少 15 日前,以书面形式通知所有投标人。该澄清或者修改的内容为招标文件的组成部分。

(10)组织成立评标委员会,并在中标结果确定前保密。

(11)在规定时间和地点,接受符合招标文件要求的投标文件。

(12)组织开标评标会。

(13)在评标委员会推荐的中标候选人中,确定中标人。

(14)向水行政主管部门提交招标投标情况的书面总结报告。

(15)发中标通知书,并将中标结果通知所有投标人。

(16)进行合同谈判,并与中标人订立书面合同。

三、投标

(1)投标人必须具备水利工程建设项目所需的资质(资格)。

(2)投标人应当按照招标文件的要求编写投标文件,并在招标文件规定的投标截止时间之前密封送达招标人。在投标截止时间之前,投标人可以撤回已递交的投标文件或进行更正和补充,但应当符合招标文件的要求。

(3)投标人必须按招标文件规定投标,也可附加提出"替代方案",且应当在其封面上注明"替代方案"字样,供招标人选用,但不作为评标的主要依据。

(4)两个或两个以上单位联合投标的,应当按资质等级较低的单位确定联合体资质(资格)等级。招标人不得强制投标人组成联合体共同投标。

(5)投标人在递交投标文件的同时,应当递交投标保证金。招标人与中标人签订合同后 5 个工作日内,应当退还投标保证金。

(6)投标人应当对递交的资质(资格)预审文件及投标文件中有关资料的真实性负责。

四、评标标准与方法

(一)基本要求

评标标准和方法应当在招标文件中载明,在评标时不得另行制订或修改、补充任何评标标准和方法。

招标人在一个项目中,对所有投标人评标标准和方法必须相同。

(二)评标标准

评标标准分为技术标准和商务标准,一般包含以下内容。

1.勘察设计评标标准

(1)投标人的业绩和资信。

(2)勘察总工程师、设计总工程师的经历。

(3)人力资源配备。

(4)技术方案和技术创新。

(5)质量标准及质量管理措施。

(6)技术支持与保障。

(7)投标价格和评标价格。

(8)财务状况。

(9)组织实施方案及进度安排。

2.监理评标标准

(1)投标人的业绩和资信。

(2)项目总监理工程师经历及主要监理人员情况。

(3)监理规划(大纲)。

(4)投标价格和评标价格。

(5)财务状况。

3.施工评标标准

(1)施工方案(或施工组织设计)与工期。

(2)投标价格和评标价格。

(3)施工项目经理及技术负责人的经历。

(4)组织机构及主要管理人员。

(5)主要施工设备。

(6)质量标准、质量和安全管理措施。

(7)投标人的业绩、类似工程经历和资信。

(8)财务状况。

4.设备、材料评标标准

(1)投标价格和评标价格。

(2)质量标准及质量管理措施。

(3)组织供应计划。

(4)售后服务。

(5)投标人的业绩和资信。

(6)财务状况。

(三)评标方法

评标方法可采用综合评分法、综合最低评标价法、合理最低投标价法、综合评议法及两阶段评标法。

施工招标设有标底的,评标标底可采用:

(1)招标人组织编制的标底 A。

(2)以全部或部分投标人报价的平均值作为标底 B。

(3)以标底 A 和标底 B 的加权平均值作为标底。

(4)以标底 A 值作为确定有效标的标准,以进入有效标内投标人的报价平均值作为标底。

施工招标未设标底的,按不低于成本价的有效标进行评审。

五、开标、评标和中标

(一)开标

开标由招标人主持,邀请所有投标人参加。开标应当按招标文件中确定的时间和地点进行。开标人员至少由主持人、监标人、开标人、唱标人、记录人组成,上述人员对开标负责。

开标一般按以下程序进行:

(1)主持人在招标文件确定的时间停止接收投标文件,开始开标。

(2)宣布开标人员名单。

(3)确认投标人法定代表人或授权代表人是否在场。

(4)宣布投标文件开启顺序。

(5)依开标顺序,先检查投标文件密封是否完好,再启封投标文件。

(6)宣布投标要素,并做记录,同时由投标人代表签字确认。

(7)对上述工作进行记录,存档备查。

(二)评标

1.评标委员会

评标工作由评标委员会负责。评标委员会由招标人的代表和有关技术、经济、合同管理等方面的专家组成,成员人数为七人以上单数,其中专家(不含招标人代表人数)不得少于成员总数的三分之二。

公益性水利工程建设项目中,中央项目的评标专家应当从水利部或流域管理机构组建的评标专家库中抽取;地方项目的评标专家应当从省、自治区、直辖市人民政府水行政主管部门组建的评标专家库中抽取,也可从水利部或流域管理机构组建的评标专家库中抽取。

评标专家的选择应当采取随机的方式抽取。根据工程特殊专业技术需要,经水行政主管部门批准,招标人可以指定部分评标专家,但不得超过专家人数的三分之一。

评标委员会成员不得与投标人有利害关系。所指利害关系包括:是投标人或其代理人的近亲属;在 5 年内与投标人曾有工作关系;或有其他社会关系或经济利益关系。评标委员会成员名单在招标结果确定前应当保密。

2.评标工作程序

评标工作一般按以下程序进行:

(1)招标人宣布评标委员会成员名单并确定主任委员。

(2)招标人宣布有关评标纪律。

(3)在主任委员主持下,根据需要,讨论通过成立有关专业组和工作组。

(4)听取招标人介绍招标文件。

(5)组织评标人员学习评标标准和方法。

(6)经评标委员会讨论,并经二分之一以上委员同意,提出需投标人澄清的问题,以书面形式送达投标人。

(7)对需要文字澄清的问题,投标人应当以书面形式送达评标委员会。

（8）评标委员会按招标文件确定的评标标准和方法，对投标文件进行评审，确定中标候选人推荐顺序。

（9）在评标委员会三分之二以上委员同意并签字的情况下，通过评标委员会工作报告，并报招标人。评标委员会工作报告附件包括有关评标的往来澄清函、有关评标资料及推荐意见等。

3. 拒绝或无效标

招标人对有下列情况之一的投标文件，可以拒绝或按无效标处理：

（1）投标文件密封不符合招标文件要求的。

（2）逾期送达的。

（3）投标人法定代表人或授权代表人未参加开标会议的。

（4）未按招标文件规定加盖单位公章和法定代表人（或其授权人）的签字（或印鉴）的。

（5）招标文件规定不得标明投标人名称，但投标文件上标明投标人名称或有任何可能透露投标人名称的标记的。

（6）未按招标文件要求编写或字迹模糊导致无法确认关键技术方案、关键工期、关键工程质量保证措施、投标价格的。

（7）未按规定交纳投标保证金的。

（8）超出招标文件规定，违反国家有关规定的。

（9）投标人提供虚假资料的。

评标委员会经过评审，认为所有投标文件都不符合招标文件要求时，可以否决所有投标，招标人应当重新组织招标。对已参加本次投标的单位，重新参加投标不应当再收取招标文件费。

评标委员会应当进行秘密评审，不得泄露评审过程、中标候选人的推荐情况以及与评标有关的其他情况。

在评标过程中，评标委员会可以要求投标人对投标文件中含义不明确的内容采取书面方式作出必要的澄清或说明，但不得超出投标文件的范围或改变投标文件的实质性内容。

（三）中标

评标委员会经过评审，从合格的投标人中排序推荐中标候选人。中标人的投标应当符合下列条件之一：

（1）能够最大限度地满足招标文件中规定的各项综合评价标准。

（2）能够满足招标文件的实质性要求，并且经评审的投标价格合理最低；但投标价格低于成本的除外。

招标人可授权评标委员会直接确定中标人，也可根据评标委员会提出的书面评标报告和推荐的中标候选人顺序确定中标人。当招标人确定的中标人与评标委员会推荐的中标候选人顺序不一致时，应当有充足的理由，并按项目管理权限报水行政主管部门备案。

自中标通知书发出之日起 30 日内，招标人和中标人应当按照招标文件和中标人的投标文件订立书面合同，中标人提交履约保函。招标人和中标人不得另行订立背离招标文件实质性内容的其他协议。

　　招标人在确定中标人后,应当在15日之内按项目管理权限向水行政主管部门提交招标投标情况的书面报告。

　　当确定的中标人拒绝签订合同时,招标人可与确定的候补中标人签订合同,并按项目管理权限向水行政主管部门备案。

　　由于招标人自身原因致使招标工作失败(包括未能如期签订合同),招标人应当按投标保证金双倍的金额赔偿投标人,同时退还投标保证金。

思考题

　　1.选择勘察单位应考虑哪些因素?
　　2.勘察工作的程序是什么?
　　3.哪些水利工程项目必须进行招标?
　　4.评标委员会及其专家组成有什么要求?

第四章　工程施工阶段质量控制

工程施工是使工程设计意图最终实现并形成工程实体的阶段,也是最终形成工程产品质量和工程项目使用价值的重要阶段。因此,可以认为施工阶段的质量控制不但是施工监理的核心内容,也是工程项目质量控制的重点。监理人对工程施工的质量控制,就是按照合同赋予的权利,围绕影响工程质量的各种因素,对工程项目的施工进行有效的监督和管理。

第一节　施工质量控制概述

一、施工质量控制的系统过程

施工阶段的质量控制是一个经由对投入的资源和条件的质量控制(事前控制)进而对生产过程及各环节质量进行控制(事中控制),直到对所完成的工程产出品的质量检验与控制(事后控制)为止的全过程的系统控制过程。这个过程可以根据在施工阶段工程实体质量形成的时间阶段不同来划分,也可以根据施工阶段工程实体形成过程中物质形态的转化来划分。

(一)根据时间阶段进行划分

施工阶段的质量控制根据工程实体形成的时间阶段可以分为以下几项。

1. 事前控制

事前控制即施工前的准备阶段进行的质量控制。它是指在各工程对象、各项准备工作及影响质量的各因素和有关方面进行的质量控制。

2. 事中控制

事中控制即施工过程中进行的所有与施工过程有关各方面的质量控制,中间产品(工序产品或分部、分项工程产品)的质量控制。

3. 事后控制

事后控制是指对通过施工过程所完成的具有独立的功能和使用价值的最终产品(单位工程或整个工程项目)及其有关方面(例如质量文件)的质量进行控制。

上述 3 个阶段的质量监控系统过程及其所涉及的主要方面如图 4-1 所示。

(二)按物质形态转化划分

由于工程对象的施工是一项物质生产活动,所以施工阶段质量控制的系统过程也是一个系统控制过程,按工程实体形成的物质转化形态进行划分,可以分以下 3 个阶段(见图 4-2)。

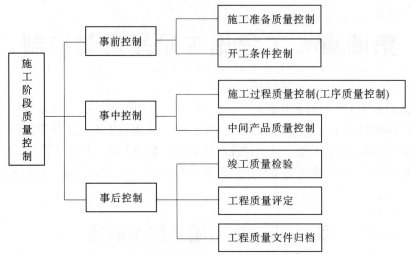

图 4-1　工程实体质量形成过程的时间阶段划分

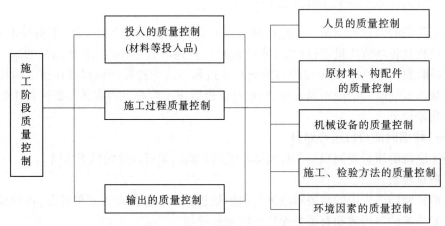

图 4-2　工程实体形成过程中物质形态转化的 3 阶段

（1）对投入的物质资源质量的控制。

（2）施工及安装生产过程质量控制。即在使投入的物质资源转化为工程产品的过程中，对影响产品质量的各因素、各环节及中间产品的质量进行控制。

（3）对完成的工程产出品质量的控制与验收。

二、影响施工阶段质量的因素

工程施工是一种物质生产活动，工程影响因素多，概括起来可归结为以下 5 个方面：人（Man）、材料（Material）、机械（Machine）、方法（Method）及环境（Environment）。

在工程质量形成的系统过程中，前两阶段对于最终产品质量的形成具有决定性的作用，而所投入的物质资源的质量控制对最终产品质量又具有举足轻重的影响。所以，质量控制的系统过程中，无论是对投入物质资源的控制，还是对施工及安装生产过程的控制，都应当对影响工程实体质量的 5 个重要因素进行全面的控制。

三、实体形成过程各阶段的质量控制的主要内容

(一)事前质量控制内容

事前质量控制是指正式开工前所进行的质量控制工作,具体包括以下几个方面:

(1)承包人资格审核。主要包括:①检查主要技术负责人是否到位;②审查分包单位的资格等级。

(2)施工现场的质量检验、验收。包括:①现场障碍物的拆除、迁建及清除后的验收;②现场定位轴线、高程标桩的测设、验收;③基准点、基准线的复核、验收等。

(3)负责审查批准承包人在工程施工期间提交的各单位工程和部分工程的施工措施计划、方法和施工质量保证措施。

(4)督促承包人建立健全质量保证体系,组建专职的质量管理机构,配备专职的质量管理人员。承包人现场应设置专门的质量检查机构和必要的试验条件,配备专职的质量检查、试验人员,建立完善的质量检查制度。

(5)采购材料和工程设备的检验和交货验收。承包人负责采购的材料和工程设备,应由承包人会同现场监理人进行检验和交货验收,检验材质证明和产品合格证书。

(6)工程观测设备的检查。现场监理人需检查承包人对各种观测设备的采购、运输、保存、率定、安装、埋设、观测和维护等。其中,观测设备的率定、安装、埋设和观测均必须在有现场监理人员在场的情况下进行。

(7)施工机械的质量控制。包括:①凡直接危及工程质量的施工机械,如混凝土搅拌机、振动器等,应按技术说明书查验其相应的技术性能,不符合要求的,不得在工程中使用;②施工中使用的衡器、量具、计量装置应有相应的技术合格证,使用时应完好并不超过它们的校验周期。

(二)事中质量控制的内容

(1)监理人有权对全部工程的所有部位及其任何一项工艺、材料和工程设备进行检查和检验,也可随时提出要求,在制造地、装配地、储存地点、现场、合同规定的任何地点进行检查、测量和检验,以及查阅施工记录。承包人应提供通常需要的协助,包括劳务、电力、燃料、备用品、装置和仪器等。承包人也应按照监理人的指示,进行现场取样试验、工程复核测量和设备性能检测,提供试验样品、试验报告和测量成果,以及监理人要求进行的其他工作。监理人的检查和检验不解除承包人按合同规定应负的责任。

(2)施工过程中承包人应对工程项目的每道施工工序认真进行检查,并应把自行检查结果报送监理人备查,重要工程或关键部位承包人自检结果核准后才能进行下一道工序施工。如果监理人认为必要时,也可随时进行抽样检验,承包人必须提供抽查条件。如抽查结果不符合合同规定,必须进行返工处理,处理合格后,方可继续施工。否则,将按质量事故处理。

(3)依据合同规定的检查和检验,应由监理人与承包人按商定的时间和地点共同进行检查和检验。

(4)隐蔽工程和工程隐蔽部位的检查。包括以下几方面的内容:

①覆盖前的检查。经承包人的自行检查确认隐蔽工程或工程的隐蔽部位具备覆盖条

件的,在约定的时间内承包人应通知监理人进行检查;如果监理人未按约定时间到场检查,拖延或无故缺席,造成工期延误,承包人有权要求延长工期和赔偿其停工或窝工损失。

②虽然经监理人检查并同意覆盖,但事后对质量有怀疑时,监理人仍可要求承包人对已覆盖的部位进行钻孔探测,以致揭开重新检验,承包人应遵照执行;当承包人未及时通知监理人,或监理人未按约定时间派人到场检查时,承包人私自将隐蔽部位覆盖,监理人有权指示承包人进行钻孔探测或揭开检查,承包人应遵照执行。

(5)不合格工程、材料和工程设备的处理。在工程施工中禁止使用不符合合同规定的等级质量标准和技术特性的材料及工程设备。

(6)行使质量监督权,下达停工令。出现下述情况之一者,监理人有权发布停工通知:

①未经检验即进入下一道工序作业者。

②擅自采用未经认可或批准的材料者。

③擅自将工程转包。

④擅自让未经同意的分包商进场作业者。

⑤没有可靠的质量保证措施贸然施工,已出现质量下降征兆者。

⑥工程质量下降,经指出后未采取有效改正措施,或采取了一定措施而效果不好,继续作业者。

⑦擅自变更设计图纸要求者等。

(7)行使好质量否决权,为工程进度款的支付签署质量认证意见。

(三)事后质量控制的内容

(1)审核完工资料。

(2)审核施工承包人提供的质量检验报告及有关技术性文件。

(3)整理有关工程项目质量的技术文件,并编目、建档。

(4)评价工程项目质量状况及水平。

(5)组织联动试车等。

第二节　施工质量控制依据、方法及程序

一、质量控制的依据

施工阶段主要有以下几类进行质量控制的依据。

(一)国家颁布有关质量方面的法律、法规

为了保证工程质量,监督规范建设市场,国家颁布的法律、法规主要有《中华人民共和国建筑法》《建设工程质量管理条例》《水利工程质量管理规定》等。

(二)已批准的设计文件、施工图及相应的设计变更与修改文件

"按图施工"是施工阶段质量控制的一项重要原则,已批准的设计文件无疑是监理人进行质量控制的依据。但是从严格质量管理和质量控制的角度出发,监理单位在施工前还应参加建设单位组织的设计交底工作,以达到了解设计意图和质量要求,发现图纸差错和减少质量隐患的目的。

(三)已批准的施工组织设计、施工技术措施及施工方案

施工组织设计是承包人进行施工准备和指导现场施工的规划性、指导性文件,它详细规定了承包人进行工程施工的现场布置、人员组织配备和施工机具配置,每项工程的技术要求,施工工序和工艺、施工方法及技术保证措施,质量检查方法和技术标准等。施工承包人在工程开工前,必须提出对于所承包的建设项目的施工组织设计,报请监理人审查。一旦获得批准,它就成为监理人进行质量控制的重要依据之一。

(四)合同中引用的国家和行业(或部颁)的现行施工操作技术规范、施工工艺规程及验收规范、评定规程

国家和行业(或部颁)的现行施工技术规程规范和操作规程,是建立、维护正常的生产秩序和工作秩序的准则,也是为有关人员制定的统一行动准则,它是工程施工经验的总结,与质量形成密切相关,必须严格遵守。

(五)合同中引用的有关原材料、半成品、构配件方面的质量依据

这类质量依据包括:

(1)有关产品技术标准。如水泥、水泥制品、钢材、石材、石灰、砂、防水材料、建筑五金及其他材料的产品标准。

(2)有关检验、取样方法的技术标准。《水泥细度检验方法 筛选法》(GB/T 1345—2005)、《水泥化学分析方法》(GB/T 176—2017)、《水泥胶砂强度检验方法》(GB/T 17671—2021)、《普通混凝土用砂石质量及检验方法标准》(JGJ 52—2006)、《建筑用砂》(GB/T 14684—2011)、《建筑用卵石、碎石》(GB/T 14685—2022)、《水工混凝土试验规程》(SL/T 352—2020)。

(3)有关材料验收、包装、标志的技术标准。《型钢验收、包装、标注质量证明书的一般规定》(GB/T 2101—2017)、《钢管验收、包装、标注及质量证明书的一般规定》(GB/T 2102—2022)(、《钢铁产品牌号表示方法》(GB/T 221—2008)。

(六)发包人和施工承包人签订的工程承包合同中有关质量的合同条款

监理合同写有发包人和监理单位有关质量控制的权利和义务的条款,施工承包合同写有发包人和施工承包人有关质量控制的权利和义务的条款,各方都必须履行合同中的承诺,尤其是监理单位,既要履行监理合同的条款,又要监督施工承包人履行质量控制条款。因此,监理单位要熟悉这些条款,当发生纠纷时,及时采取协商调解等手段予以解决。

(七)制造厂提供的设备安装说明书和有关技术标准

制造厂提供的设备安装说明书和有关技术标准是施工安装承包人进行设备安装必须遵循的重要的技术文件,同样是监理人对承包人的设备安装质量进行检查和控制的依据。

二、施工阶段质量控制方法

施工阶段质量检查的主要方法有以下几种。

(一)旁站监理

监理人按照监理合同约定,在施工现场对工程项目的重要部位和关键工序的施工,实施连续性的全过程检查、监督与管理。旁站是监理人员的一种主要现场检查形式。对容易产生缺陷的部位以及隐蔽工程,尤其应该加强旁站。

在旁站检查中,监理人员必须检查承包商在施工中所用的设备、材料及混合料是否与已批准的配比相符,检查是否按技术规范和批准的施工方案、施工工艺进行施工,注意及时发现问题和解决问题,制止错误的施工方法和手段,尽早避免事故的发生。

(二)检验

(1)巡视检验。监理人对所监理的工程项目进行定期或不定期的检查、监督和管理。

(2)跟踪检测。在承包人进行试样检测前,监理人对其检测人员、仪器设备以及拟订的检测程序和方法进行审核;在承包人对试样进行检测时,实施全过程的监督,确认其程序、方法的有效性以及检测结果的可信性,并对该结果确认。

(3)平行检测。监理人在承包人对试样自行检测的同时,独立抽样进行的检测,核验承包人的检测结果。

(三)测量

测量是对建筑物的几何尺寸进行控制的重要手段。开工前,承包人要进行施工放样,监理人员要对施工放样及高程控制进行检查,不合格者不准开工。对模板工程、已完工程的几何尺寸、高程、宽度、厚度、坡度等质量指标,按规范要求进行测量验收,不符合要求的要进行修整,无法修整的要进行返工。承包人的测量记录,均要事先经监理人员审核签字后才能使用。

(四)现场记录和发布文件

监理人员应认真、完整记录每日施工现场的人员、设备、材料、天气、施工环境以及施工中出现的各种情况作为处理施工过程中合同问题的依据之一,并通过发布通知、指示、批复、签认等文件形式进行施工全过程的控制和管理。

三、施工阶段质量控制程序

(一)合同项目质量控制程序

(1)监理机构应在施工合同约定的期限内,经发包人同意后向承包人发出进场通知,要求承包人按约定及时调遣人员和施工设备、材料进场进行施工准备。进场通知中应明确合同工期起算日期。

(2)监理机构应协助发包人向承包人移交施工合同约定应由发包人提供的施工用地、道路、测量基准点以及供水、供电、通信设施等开工的必要条件。

(3)承包人完成开工准备后,应向监理机构提交开工申请。监理机构在检查发包人和承包人的施工准备满足开工条件后,签发开工令。

(4)由于承包人原因使工程未能按施工合同约定时间开工,监理机构应通知承包人在约定时间内提交赶工措施报告并说明延误开工原因。由此增加的费用和工期延误造成的损失由承包人承担。

(5)由于发包人原因使工程未能按施工合同约定时间开工,监理机构在收到承包人提出的顺延工期的要求后,应立即与发包人和承包人共同协商补救办法。由此增加的费用和工期延误造成的损失由发包人承担。

合同项目质量控制程序如图4-3所示。

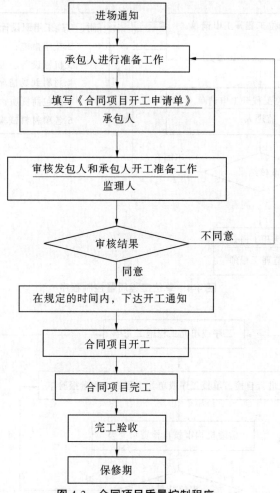

图 4-3　合同项目质量控制程序

(二) 单位工程质量控制程序

监理机构应审批每一个单位工程的开工申请,熟悉图纸,审核承包人提交的施工组织设计、技术措施等,确认后签发开工通知,如图 4-4 所示。

(三) 分部工程质量控制程序

监理机构应审批承包人报送的每一分部工程开工申请,审核承包人递交的施工措施计划,检查该分部工程的开工条件,确认后签发分部工程开工通知。

(四) 工序或单元工程质量控制程序

第一个单元工程在分部工程开工申请获批准后自行开工,后续单元工程凭监理机构签发的上一单元工程施工质量合格证明方可开工。

工序或单元工程质量控制程序如图 4-5 所示。

(五) 混凝土浇筑开仓

监理机构应对承包人报送的混凝土浇筑开仓报审表进行审核。符合开仓条件后,方可签发。

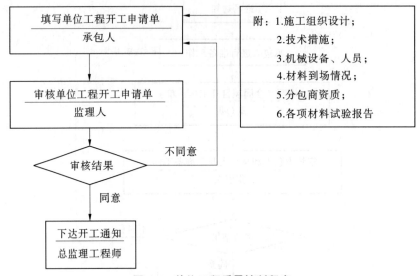

图 4-4 单位工程质量控制程序

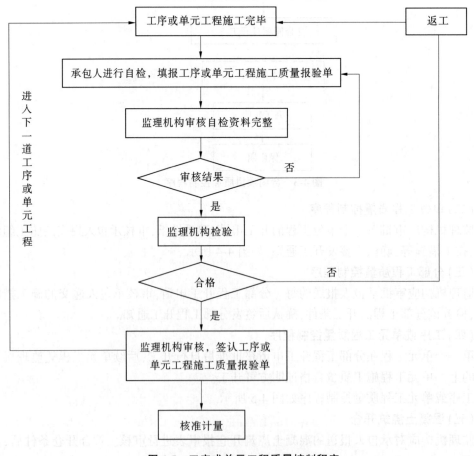

图 4-5 工序或单元工程质量控制程序

第三节　合同项目开工条件审查

事前质量控制分两个层次:第一个层次是监理人对合同项目开工条件的审查;第二个层次是随着工程施工的进展,检查各单位(分项)工程开工之前的准备工作。开工条件的审查既要有阶段性,又要有连贯性。因此,监理人对开工条件的审查工作必须有计划、有步骤、分期和分阶段地进行,要贯穿工程的整个施工过程。合同项目开工条件的审查内容,包括发包人和承包人两方面的准备工作。

一、发包人的准备工作

(一)首批开工项目施工图和文件的供应

发包人在工程开工前应向承包人提供已有的与本工程有关的水文和地质勘测资料以及应由发包人提供的图纸。

(二)测量基准点的移交

发包人(或监理人)应该按照技术条款规定的期限内,向承包人提供测量基准点、基准线和水准点以及书面资料。

(三)施工用地及必要的场内交通条件

为了使承包人能尽早进入施工现场开始主体工程的施工,发包人应按合同规定,事先做好征地、移民,并且解决承包人施工现场占有权及通道。为了使施工承包人能进入施工现场,尽早开始工程施工,发包人应按照施工承包人所承包的工程施工的需要,事先划定并给予承包人占有现场各部分的范围。如果现场有的区域需要由不同的承包人先后施工(例如基础部分和上部结构),就应根据整个工程总的施工进度计划,规定各承包人占用该施工区域的起讫期限和先后顺序。这种施工现场各承包人工作区域的划定和占有权需要在施工平面布置图上表明,并对各工作区的坐标位置及占用时间要在各承包合同中有详细的说明。

(四)首次工程预付款的支付

工程预付款是在项目施工合同签订后,由发包人按照合同约定,在正式开工前预先支付给承包人的一笔款项。主要供承包人作施工准备用。

(五)施工合同中约定应由发包人提供的道路、供电、供水、通信等条件

监理人应协助发包人做好施工现场的"四通一平"工作,即通水、通电、通路、通信和场地平整。在施工总体平面布置图中,应明确表明供水、供电、通信线路的位置,以及各承包人从何处接水源、电源的说明,并将水、电送到各施工区,以免在承包人进入施工工作区后因无水、电供应延误施工,引起索赔。

二、承包人的准备工作

(一)承包人组织机构和人员的审查

在合同项目开工前,承包人应向监理人呈报其实施工程承包合同的现场组织机构表及各主要岗位人员的资历,监理人应认真予以审查。监理机构在总监理工程师主持下进

行了认真审查,要求施工单位实质性地履行其投标承诺,要求做到组织机构完备,技术与管理人员熟悉各自的专业技术、有类似工程的长期经历和丰富经验,能够胜任所承包项目的施工、完工与工程保修;配备有能力对工程进行有效监督的工长和领班;投入顺利履行合同义务所需的技工和普工。主要审查内容包括以下几种。

1.施工单位项目经理资格审查

施工单位项目经理是施工单位驻工地的全权负责人,必须持有项目经理上岗证书,必须胜任现场履行合同的职责。

监理机构在对施工单位指派的项目经理审查的基础上报发包人同意。项目经理变更,要求事先经监理机构报发包人同意。项目经理短期离开工地,必须委派代表代行其职,并通知监理机构。

2.施工单位的职员和工人资格审查

施工单位必须保证施工现场具有技术合格和数量足够的下述人员:

(1)具有合格证明的各类专业技工和普工。

(2)具有相应理论、技术知识和施工经验的各类专业技术人员及有能力进行现场施工管理和指导施工作业的工长。

(3)具有相应岗位资格的管理人员。

技术岗位和特殊工种的工人均必须持有通过国家或有关部门统一考试或考核的资格证明,经监理机构审查合格者才准上岗,如爆破工、电工、焊工等工种均要求持证上岗。

监理机构对未经批准人员的职务不予确认,对不具备上岗资格的人员完成的技术工作不予承认。

(4)监理机构根据施工单位人员在工作中的实际表现,要求施工单位及时撤换不能胜任工作或玩忽职守或监理机构认为由于其他原因不宜留在现场的人员。未经监理机构同意,不得允许这些人员重新从事该工程的工作。

(二)承包人工地试验室和试验计量设备的检查

监理机构对施工单位检测试验的质量控制,是对工程项目的材料质量、工艺参数和工程质量进行有效控制的重要途径。要求施工单位检测试验室必须具备与所承包工程相适应并满足合同文件和技术规范、规程、标准要求的检测手段和资质。监理人监督检查承包人在工地建立的试验室,包括试验设备和用品、试验人员数量和专业水平,核定其试验方法和程序等。承包人应按合同规定和现场监理人的指令进行各项材料试验,并为现场监理人进行质量检查和检验提供必要的试验资料和成果。现场监理人进行抽样试验时,所需试件应由承包人提供,也可以使用承包人的试验设备和用品,承包人应予协助。

主要审查内容包括:

(1)检测试验室的资质文件(资格证书、承担业务范围及计量认证文件等的复印件)。

(2)检测试验室人员配备情况(姓名、性别、岗位工龄、学历、职务、职称、专业或工种)。

(3)检测试验室仪器设备清单(仪器设备名称、规格型号、数量、完好情况及其主要性能),仪器仪表的率定及检验合格证。

(4)各类检测、试验记录表和报表的式样。

(5)检测试验人员守则及试验室工作规程。

(6)其他需要说明的情况或监理机构根据合同文件规定要求报送的有关材料。

(三)承包人进场施工设备的审查

为了保证施工的顺利进行,监理人在开工前对施工设备的审查内容主要包括以下几个方面:

(1)开工前对承包人进场施工设备的数量和规格、性能以及进场时间是否符合施工合同约定要求。

(2)监理机构应督促承包人按照施工合同约定保证施工设备按计划及时进场,并对进场的施工设备进行评定和认可。禁止不符合要求的设备投入使用并应要求承包人及时撤换。在施工过程中,监理机构应督促承包人对施工设备及时进行补充、维修、维护,满足施工需要。

(3)旧施工设备进入工地前,承包人应提供该设备的使用和检修记录,以及具有设备鉴定资格的机构出具的检修合格证。经监理机构认可,方可进场。

(4)承包人租赁设备时,则应在租赁协议书中明确规定,若在协议书有效期内发生承包人违约解除合同时,发包人或发包人邀请的其他承包人可以相同条件取得其使用权。

(四)对基准点、基准线和水准点的复核和工程放线

监理人应在合同规定的期限内,向承包人提供测量基准点、基准线和水准点及其平面资料。承包人应依上述基准点、基准线以及国家测绘标准和本工程精度要求,测设自己的施工控制网,并将资料报送监理人审批。待工程完工后完好地移交给发包人。承包人应负责施工过程中的全部施工测量工作,包括地形测量、放样测量、断面测量、支付收方测量和验收测量等。应由承包人自行配置合格的人员、仪器、设备和其他物品。承包人在各项目施工测量前还应将所采取措施的报告报送监理人审批。监理人可以指示承包人在监理人监督下或联合进行抽样复测,当复测中发现有错误时,必须按照监理人指示进行修正或补测。监理人可以随时使用承包人的施工控制网,承包人应及时提供必要的协助。

承包人应负责管理好施工控制网点,若有丢失或损坏,应及时修复,其所需管理和修复费用由承包人承担。工程完工后应完好地移交给发包人。

(五)检查进场原材料、构配件的质量、规格、性能是否符合有关技术标准和技术条款的要求,原材料的储存量是否满足工程开工及随后施工的需要

(六)砂石料系统、混凝土拌和系统以及场内道路、供水、供电、供风等施工辅助设施的准备

砂石料生产系统的配置,是根据工程设计图纸的混凝土用量及各种混凝土的级配比例,计算出各种规格混凝土骨料的需用量,主要考虑日最大强度及月最大强度,确定系统设备的配置。砂石厂应设在料场附近;多料场供应时,应设在主料场附近;经论证亦可分别设厂;砂石利用率高、运距近、场地许可时,亦可设在混凝土工厂附近。主要设施的地基应稳定,有足够的承载力。

混凝土拌和系统选址,尽量选在地质条件良好的部位;拌和系统布置注意进出料高程,运输距离小,生产效率高。

对于场内交通运输,对外交通方案确保施工工地与国家或地方公路、铁路车站、水运港口之间的交通联系,具备完成施工期间外来物质运输任务的能力。场内交通方案确保施工工地内部各工区、当地材料场地、堆渣场、各生产区、各生活区之间的交通联系,主要道路与对外交通衔接。

工地施工用水、生活用水和消防用水的水压、水质应满足相应的规定。施工供水量应满足不同时期日高峰生产用水和生活用水需要,并按消防用水量进行校核。生活和生产用水宜按水质要求、用水量、用户分布、水源、管道和取水建筑物的布置情况,通过技术、经济比较后确定集中或分散供水。

各施工阶段用电最高负荷宜按需要系数法计算。通信系统组成与规模应根据工程规模的大小、施工设施布置及用户分布情况确定。

第四节　施工图设计文件及施工组织设计审查

单位工程开工条件的审查与合同项目开工条件既有相同之处,也存在区别。相同之处是两者审查的内容、方法基本相同;不同之处是两者侧重点有所不同。合同项目开工条件的审查侧重于整体,属于粗线条,涉及面广;而单位工程开工条件的审查则是针对合同中一个具体的组成部分而进行的。单位工程开工条件主要是监理单位对施工图设计文件(以下简称施工图)和施工组织设计的审查。

一、施工图审查

根据基本建设程序,施工图审查分为两种情况:一种是在工程开工之前,项目法人委托施工图审查机构根据国家的法律、法规、技术标准与规范、审批意见及批准的初步设计文件,对施工图安全性、强制性标准、规范等执行情况进行的独立技术审查。一种是在施工过程中、正式施工前,监理工程师对施工图的审查。这里讲的是第二种性质的审查,即监理人对施工图的审查。

(一) 施工图审查内容

监理人对施工图进行审核时,除重视施工图本身是否满足设计要求之外,还应注意从合同角度进行审查,保证工程质量,减少设计变更,对施工图的审查应侧重审查以下内容:

(1)施工图是否经设计单位正式签署。

(2)图纸与说明书是否齐全,如分期出图,图纸供应是否及时。

(3)是否与招标图纸一致(如不一致是否有设计变更)。

(4)地下构筑物、障碍物、管线是否探明并标注清楚。

(5)施工图中的各种技术要求是否切实可行,是否存在不便于施工或不能施工的技术要求。

(6)各专业图纸的平面图、立面图、剖面图之间是否有矛盾,几何尺寸、平面位置、标高等是否一致,标注是否有遗漏。

(7)地基处理的方法是否合理。对地基进行处理常用的方法有换土垫层、砂井堆载预压、强夯、振动挤密、高压喷射注浆、深层搅拌、渗入性灌浆、加筋土、桩基础加固地基等。

(二)设计技术交底

为更好地理解设计意图,从而编制出符合设计要求的施工方案,监理机构对重大或复杂项目的组织设计技术交底会议,由设计、施工、监理、发包等单位相关人员参加。

设计技术交底会议应着重解决下列问题:

(1)分析地形、地貌、水文气象、工程地质及水文地质等自然条件方面的影响。

(2)主管部门及其他部门(如环保、旅游、交通、渔业等)对本工程的要求,设计单位采用的设计规范。

(3)设计单位的意图。如设计思想、结构设计意图、设备安装及调试要求等。

(4)施工单位在施工过程中应注意的问题。如基础处理、新结构、新工艺、新技术等方面应注意的问题。

(5)对设计技术交底会议应形成记录。

(三)施工图的发布

监理人在收到施工详图后,首先应对图纸进行审核。在确认图纸正确无误后,由监理人签字,下达给施工承包人,施工图即正式生效,施工承包人就可按图纸进行施工。

施工承包人在收到监理人发布的施工图后,用于正式施工之前应注意以下几个问题:

(1)检查该图纸是否已经监理人签字。

(2)对施工图做仔细检查和研究,内容如前所述。检查和研究的结果可能有以下几种情况。

①图纸正确无误,承包人应立即按施工图的要求组织实施,研究详细的施工组织和施工技术保证措施,安排机具、设备、材料、劳力、技术力量进行施工。

②发现施工图中有不清楚的地方或有可疑的线条、结构、尺寸等或施工图上有互相矛盾的地方,承包人应向监理人提出"澄清要求",待这些疑点澄清之后再进行施工。

监理人在收到承包人的"澄清要求"后,应及时与设计单位联系,并对"澄清要求"及时予以答复。

③根据施工现场的特殊条件、承包人的技术力量、施工设备和经验,认为对图纸中的某些方面可以在不改变原来设计图纸和技术文件原则的前提下,进行一些技术修改使施工方法更为简便,结构性能更为完善,质量更有保证,且并不影响投资和工期。此时,承包人可提出"技术修改"要求。

这种"技术修改"可直接由监理人处理,并将处理结果书面通知设计单位驻现场代表。如果设计代表对建议的技术修改持有不同意见,应立即书面通知监理人。

④如果发现施工图与现场的具体条件,如地质、地形条件等有较大差别,难以按原来的施工图进行施工,此时承包人可提出"现场设计变更要求"。

二、施工组织设计的审核

施工组织设计是水利水电工程设计文件的重要组成部分,是编制工程投资估算、设计概算和进行招标投标的主要依据,是工程建设和施工管理的指导性文件。认真做好施工组织设计,对整体优化设计方案、合理组织工程施工、保证工程质量、缩短建设周期、降低工程造价都有十分重要的作用。

(一)初步设计中的施工组织设计

根据初步设计编制规程和施工组织设计规范,初步设计中的施工组织设计应包含以下 8 个方面的内容。

1. 施工条件分析

施工条件包括工程条件、自然条件、物质资源供应条件以及社会经济条件等。

2. 施工导流

施工导流设计应在综合分析导流条件的基础上,确定导流标准,划分导流时段,明确施工分期,选择导流方案、导流方式和导流建筑物,进行导流建筑物的设计,提出导流建筑物的施工安排,拟定截流、渡汛、拦洪、排冰、通航、过木、下闸封堵、供水、蓄水、发电等措施。

3. 主体工程施工

主体工程包括挡水、泄水、引水、发电、通航等主要建筑物,应根据各自的施工条件,对施工程序、施工方法、施工强度、施工布置、施工进度和施工机械等问题,进行分析比较和选择。

4. 施工交通运输

(1)对外交通运输。是在弄清现有对外水陆交通和发展规划的情况下,根据工程对外运输总量、运输强度和重大部件的运输要求,确定对外交通运输方式,选择线路的标准和线路,规划沿线重大设施和与国家干线的连接,并提出场外交通工程的施工进度安排。

(2)场内交通运输。应根据施工场区的地形条件和分区规划要求,结合主体工程的施工运输,选定场内交通主干线路的布置和标准,提出相应的工程量。施工期间,若有船、木过坝问题,应作出专门的分析论证,提出解决方案。

5. 施工工厂设施和大型临建工程

(1)施工工厂设施,应根据施工的任务和要求,分别确定各自位置、规模、设备容量、生产工艺、工艺设备、平面布置、占地面积、建筑面积和土建安装工程量,提出土建安装进度和分期投产的计划。

(2)大型临建工程,要作出专门设计,确定其工程量和施工进度安排。

6. 施工总布置

主要任务包括:对施工场地进行分期、分区和分标规划;确定分期分区布置方案和各承包单位的场地范围;对土石方的开挖、堆料、弃料和填筑进行综合平衡,提出各类房屋分区布置一览表;估计用地和施工征地面积,提出用地计划;研究施工期间的环境保护和植被恢复的可能性。

7. 施工总进度

合理安排施工进度,必须仔细分析工程规模、导流程序、对外交通、资源供应、临建准备等各项控制因素,拟定整个工程的施工总进度;确定项目的起迄日期和相互之间的衔接关系;对导流截流、拦洪渡汛、封孔蓄水、供水发电等控制环节,工程应达到的形象面貌,需作出专门的论证;对土石方、混凝土等主要工种工程的施工强度,对劳动力、主要建筑材料、主要机械设备的需用量要进行综合平衡;要分析施工工期和工程费用的关系,提出合理工期的推荐意见。

8.主要技术供应计划

根据施工总进度的安排和定额资料的分析,对主要建筑材料和主要施工机械设备,列出总需要量和分年需要量计划;在施工组织设计中,必要时还需提出进行试验研究和补充勘测的建议,为进一步深入设计和研究提供依据;在完成上述设计内容时,还应提出相应的附图。

该设计由设计单位编写,并构成初步设计的一部分。

(二)施工阶段的施工组织设计

在施工投标阶段,施工单位根据招标文件中规定的施工任务、技术要求、施工工期及施工现场的自然条件,结合本单位的人员、机械设备、技术水平和经验,在投标书中编制了施工组织设计,对拟承包工程作出了总体部署,如工程准备采用的施工方法、施工工序、机械设计和技术力量的配置,内部的质量保证系统和技术保证措施。它是承包人进行投标报价的主要依据之一。施工单位中标并签订合同后,这一施工组织设计也就成了施工合同文件的重要组成部分。在施工单位接到开工通知后,按合同规定时间,进一步提交了更为完备、具体的施工组织设计,得到监理机构的批准。

监理人审查施工组织设计程序如图4-6所示。

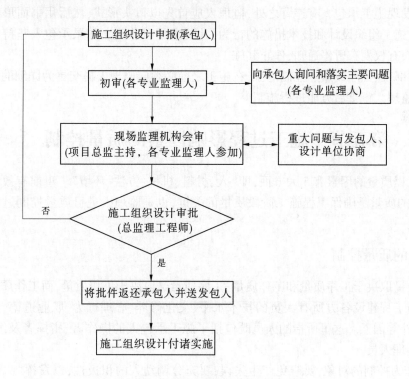

图4-6 施工组织设计审核程序

监理人审查施工组织设计应注意以下几个方面:

（1）承包人所选用的施工设备的型号、类型、性能、数量等，能否满足施工进度和施工质量的要求。

（2）拟采用的施工方法、施工方案在技术上是否可行，对质量有无保证。

（3）各施工工序之间是否平衡，会不会因工序的不平衡而出现窝工。

（4）质量控制点的设置是否正确，其检验方法、检验频率、检验标准是否符合合同技术规范的要求。

（5）计量方法是否符合合同的规定。

（6）技术保证措施是否切实可行。

（7）施工安全技术措施是否切实可行等。

监理人在对施工承包人的施工组织设计和技术措施进行仔细审查后提出意见和建议，并用书面形式答复承包人是否批准施工组织设计和技术措施，是否需要修改。如果需要修改，承包人应对施工组织设计和技术措施进行修改后提出新的施工组织设计和技术措施，再次请监理人审查，直至批准。在施工组织设计和技术措施获得批准后，承包人就应严格遵照批准的施工组织设计和技术措施实施。对于由于其他原因需要采取替代方案的，应保证不降低工程质量、不影响工程进度、不改变原来的报价。根据合同条件的规定，监理人对施工方案的批准，并不解除承包人对此方案应负的责任。

在施工过程中，监理人有权随时随地检查已批准的施工组织设计和技术措施的实施情况，如果发现施工承包人有违背之处，监理人应首先以口头形式，然后用书面形式指出承包人违背施工组织设计和技术措施的行为，并要求予以改正。如果承包人坚持不予以改正，监理人有权发布暂停通知，停止其施工。

对关键部位、工序或重点控制对象，在施工之前必须向监理人提交更为详细的施工措施计划，经监理人审批后方能进行施工。

第五节　施工过程影响因素的质量控制

影响工程质量的因素有 5 大方面，即"人、材料、机械、方法、环境"。事前有效控制这 5 方面因素的质量是确保工程施工阶段质量的关键，也是监理人进行质量控制过程中的主要任务之一。

一、人的质量控制

工程质量取决于工序质量和工作质量，工序质量又取决于工作质量，而工作质量直接取决于参与工程建设各方所有人员的技术水平、文化修养、心理行为、职业道德、质量意识、身体条件等因素。这里所指的人员既包括了施工承包人的操作者、指挥者及组织者，也包括了监理人员。

"人"作为控制的对象，要避免产生失误，要充分调动人的积极性，以发挥"人是第一因素"的主导作用。监理人要本着适才适用、扬长避短的原则来控制人的使用。

二、原材料与工程设备的质量控制

工程项目是由各种建筑材料、辅助材料、成品、半成品、构配件以及工程设备等构成的实体,这些材料、构配件本身的质量及其质量控制工作,对工程质量具有十分重要的影响。由此可见,材料质量及工程设备是工程质量的基础,材料质量及工程设备不符合要求,工程质量也就不可能符合标准。为此,监理人应对原材料和工程设备进行严格的控制。

（一）原材料的质量控制

1. 材料、构配件质量控制的特点

（1）工程建设所需用的建筑材料、构件、配件等数量大,品种规格多,且分别来自众多的生产加工部门,故施工过程中,材料、构配件的质量控制工作量大。

（2）水利水电工程施工周期长,短则几年,长则十几年,施工过程中各工种穿插、配合繁多,如土建与设备安装的交叉施工,监理人的质量控制具有复杂性。

（3）工程施工受外界条件的影响较大,有的材料甚至是露天堆放,影响材料质量的因素多,且各种因素在不同环境条件下影响工程质量的程度也不尽相同,因此监理人对材料、构配件的质量控制具有较大困难。

2. 材料、构配件质量控制程序

（1）监理工程师应审核材料的采购订货申请,审查的内容主要包括所采购的材料是否符合设计的需要和要求,以及生产厂家的生产资格和质量保证能力等。

（2）材料进场后,监理工程师应审核施工单位提交的材料质量保证资料,并派出监理人员参与施工单位对材料的清点。

（3）材料使用前,监理工程师应审核施工单位提交的材料试验报告和资料,经确认签证后方可用于施工。

（4）对于工程中所使用的主要材料和重要材料,监理单位应按规定进行抽样检验,验证材料的质量。

（5）施工单位对涉及结构安全的试块、试件及有关材料进行质量检验时,应在监理单位的监督下现场取样。

发包人负责采购的工程设备,应由发包人（或发包人委托监理人代表发包人）和承包人在合同规定的交货地点共同进行交货验收,由发包人正式移交给承包人。在验收时承包人应按现场监理人的批示进行工程设备的检验测试,并将检验结果提交现场监理人。工程设备安装后,若发现工程设备存在缺陷,应由现场监理人和承包人共同查找原因,如属设备制造不良引起的缺陷应由发包人负责;如属承包人运输和保管不慎或安装不良引起的损坏应由承包人负责。

如果承包人使用了不合格的材料、工程设备和工艺,并造成工程损害时,监理人可以随时发出指示,要求承包人立即改正,并采取措施补救,直至彻底清除工程的不合格部位以及不合格的材料和工程设备。若承包人无故拖延或拒绝执行监理人的上述指令,则发包人可按承包人违约处理,发包人有权委托其他承包人,其违约责任应由承包人承担。材料、构配件质量控制程序如图4-7所示。

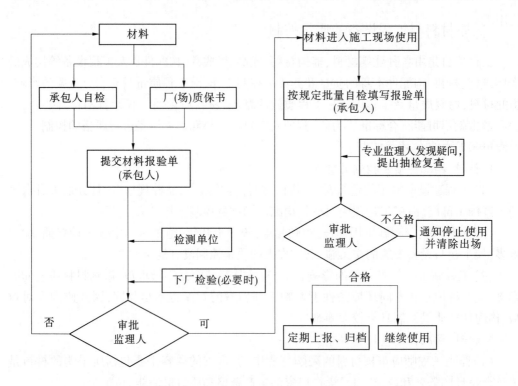

图 4-7 材料、构配件质量控制程序

3.材料供应的质量控制

监理单位应监督和协助施工单位建立材料运输、调度、储存的科学管理体系,加快材料的周转,减少材料的积压和储存,做到既能按质、按量、按期地供应施工所需的材料,又能降低费用、提高效益。

4.材料使用的质量控制

监理单位应建立材料使用检验的质量控制制度,材料在正式用于施工之前,施工单位应组织现场试验,并编写试验报告。现场试验合格,试验报告及资料经监理工程师审查确认后,这批材料才能正式用于施工。

同时,还应充分了解材料的性能、质量标准、适用范围和对施工的要求。使用前应详细核对,以防用错或使用了不适当的材料。

对于重要部位和重要结构所使用的材料,在使用前应仔细核对和认证材料的规格、品种、型号、性能是否符合工程特点和以下要求:

(1)对于混凝土、砂浆、防水材料等,应进行试配以求严格控制配合比。

(2)对于钢筋混凝土构件及预应力混凝土构件,应按有关规定进行抽样检验。

(3)对预制加工厂生产的成品、半成品,应由生产厂家提供出厂合格证明,必要时还应进行抽样检验。

(4)对于高压电缆、电绝缘材料,应组织进行耐压试验后才能使用。

(5)对于新材料、新构件,要经过权威单位进行技术鉴定合格后,才能在工程中正式使用。

（6）对于进口材料,应会同商检部门按合同规定进行检验,核对凭证,如发现问题,应在规定期限内提出索赔。

（7）凡标志不清或怀疑质量有问题的材料,对质量保证资料有怀疑或与合同规定不符的材料,均应进行抽样检验。

（8）贮存期超过 3 个月的过期水泥或受潮、结块的水泥应重新检验其强度等级,并不得使用在工程的重要部位。

5. 材料质量检验

1）材料质量检验方法

材料质量检验方法分为书面检验、外观检验、理化检验和无损检验等 4 种。

（1）书面检验是通过对提供的材料质量保证资料、试验报告等进行审核,取得认可方能使用。

（2）外观检验是对材料从品种、规格、标志、外形尺寸等进行直观检验,看其有无质量问题。

（3）理化检验是指在物理、化学等方法的辅助下的量度。它借助于试验设备和仪器对材料样品的化学成分、机械性能等进行科学的鉴定。

（4）无损检验是在不破坏材料样品的前提下,利用超声波、X 射线、表面探伤仪等进行检测。如瑞波雷仪（进行土的压实试验）、探地雷达（钢筋混凝土中钢筋的探测）。

2）常用材料检验的项目及取样方法

常用材料主要有水泥、砂石料、外加剂、钢筋、型钢、钢丝、防水卷材、土工膜、粉煤灰等,它们的检验项目见表 4-1。

表 4-1　常用材料检验项目

序号	名称		主要项目	其他项目
1	水泥		凝结时间、强度、体积安定性、三氧化硫	细度、水化热、稠度
2	混凝土用砂、石料	砂	颗粒级配、含水率、含泥量、比重、空隙率、松散容重、扁平度	有机物含量、云母含量、三氧化硫含量
		石		针状和片状颗粒,软弱颗粒
3	混凝土用外加剂		减水率、凝结时间差、抗压强度对比、钢筋锈蚀	泌水率比、含气量、收缩率比、相对耐久性

续表 4-1

序号	名称		主要项目	其他项目
4	钢材	热轧钢筋、冷拉钢筋、型钢钢板、异型钢	拉力、冷弯拉力、反复弯曲、松弛	冲击、硬度、焊接件的机械性能
		冷拔低碳素钢丝、碳素钢丝及刻痕钢丝		冲击、硬度、焊接件的机械性能
5	沥青防水卷材		不透水性、耐热度、吸水性、抗拉强度	柔度
6	复合土工膜		单位面积质量;梯形撕破力、断裂强度、断裂伸长率、顶破强度、渗透系数、抗渗强度	耐化学性能、低温性能、抗老化性能
7	土石坝用土石料	土	天然含水量、天然容重、比重、孔隙率、孔隙比、流限、塑限、塑性指标、饱和度、颗粒级配、渗透系数、最优含水量、内摩擦角	压缩系数
		石	岩性、比重、容重、抗压强度、渗透性	
8	粉煤灰		细度、烧失量、需水比、含水率	三氧化硫

原材料及半成品质量检验取样方法见表 4-2。

表 4-2 **原材料及半成品质量检验取样方法**

材料名称	取样单位	取样数量	取样方法
水泥	同品种、同强度等级水泥按 400 t 为一批,不足者也按一批计	从一批水泥中选取平均试样 20 kg	从不同部位的至少 15 袋或 15 处水泥中抽取。手捻不碎的受潮水泥结块应过每平方厘米 64 孔筛除去
砂、卵石、碎石	以每 200 m³ 作为一批,不满 200 m³ 时也按一批计	样品质量鉴定时,砂子 30~50 kg,石子 30 kg;作混凝土配合比时,砂子 100 kg,石子 200 kg	分别在砂、石堆的上、中、下 3 个部位抽取若干数量,拌和均匀,按四分法缩分提取
防水卷材(油毡、油纸)	以 500 卷为一批,不足者也按一批计	取 2% 但不少于 2 卷,检查外观	从外观检查合格的 1 卷卷材,距端头 1.0 mm 外处截取 1.5 m 长一段做材性试验

续表 4-2

材料名称	取样单位	取样数量	取样方法
钢材 （钢号不明的钢材）	以 20 t 为一批,不足者也按一批计	3 根	任意取,分别在每根截取拉伸、冷弯、化学分析试件各一根,每组试件送两根,截取时先将每根端头弃去 10 cm
冷拉钢筋	按同一品种,尺寸分批,当直径 $d_0 \leqslant 12$ mm 时,每批质量不大于 10 t;当 $d_0 \geqslant$ 14 mm 时,每批质量不大于 20 t	3 根	在每批中,从不同的 3 根钢筋上各取一个拉力试样和冷弯试样
粉煤灰	以一昼夜连续供应相同等级的粉煤灰 200 t 为一批,不足 200 t 者也按一批计	对散装灰,从每批灰的 15 个不同部位各取不少于 1 kg 的粉煤灰;对袋岩灰,从每批中任取 10 袋,从每袋中取不少于 1 kg	将上述试样搅拌均匀采用四分法,缩取比试剂需量大 1 倍的试样

(二)工程设备的质量控制

1. 工程设备制造质量控制

一般情况下,在签订设备采购合同后,监理人应授权独立的检验员,作为监理人代表派驻工程设备制造厂家,以监造的方式对供货生产厂家的生产重点及全过程实行质量监控,以保证工程设备的制造质量,并弥补一般采购订货中可能存在的不足之处。同时可以随时掌握供货方是否严格按自己所提出的质量保证计划书执行,是否有条不紊地开展质量管理工作,是否严格履行合同文件,能否确保工程设备的交货日期和交货质量。

监理人应针对工程设备供货的特点以及自身的具体情况(如技术力量、技术人员、管理水平等),采取相应的监造方式保证制造质量。归纳起来,监造方式有日常监造方式、设计联络会议方式、监理人协同有关单位派出监造组的方式三种。

(1)日常监造方式。当监理人缺乏足够的技术力量、水平的技术人员,难以对供货方实施日常监造工作时,监理人可以委托承担设备安装的施工承包人负责日常监造工作,即施工承包人代表发包人/监理人对供货单位进行监造,施工承包人对发包人/监理工程师负责。

(2)设计联络会议方式。根据实际需要规定设计联络次数,主要解决工程设备设计中存在的各类问题。

(3)监理人协同有关单位派出监造组的方式。监造组的具体任务,应视合同的执行情况,以搞好合同管理监督并促进供方单位保证设备质量为目的,做好设备制造工作中有

关问题处理的前后衔接工作,监造组的派出次数视实际情况而定。监造组的任务有:

①了解供方质量管理控制系统,包括技术资料档案情况,理化检验和主要部件初检和复检制度,各生产工序的检验项目及标准,关键零部件的检验制度。

②参加部分设备的出厂试验,了解试验方法及标准。

③全面了解和掌握供货单位在制造工程设备全过程中的生产工艺、产品装配、检验和试验、出厂包装、储存方法等内容。

④就设计联络会议遗留下来的问题与供货单位协商解决。

⑤解决施工承包人的日常监造遗留下来的各类问题。

监造内容视监造对象和供货厂家的不同而有所区别。一般而言,监造内容主要包括:

①监督和了解供方在设备制造过程中质量保证体系运行情况及质量保证手册执行情况,含质量管理体系、质量管理网络、对策等。

②监控供方质量保证文件的执行情况。

③监控供方的生产工艺水平及工艺能力。

④监控用于工程设备制造的材料质量。

⑤监控制造产品质量情况。

⑥与供方协商解决设计联络会议及日常监造遗留下来的问题。

⑦审核质量检验人员的操作资格。

⑧掌握质量检验工作进行情况及准确性程度。

⑨确定包装运输的保证质量措施和手段。

⑩参与出厂试验。

2. 工程设备运输的质量控制

工程设备运输是借助于运输手段,进行有目标的空间位置的转移,最终到达施工现场。工程设备运输工作的质量,直接影响工程设备使用价值的实现,进而影响工程施工的正常进行和工程质量。

工程设备容易因运输不当而降低甚至丧失使用价值,造成部件损坏,影响其功能和精度等。因此,监理人应加强工程设备运输的质量控制,与发包人的采购部门一起,根据具体情况和工程进度计划,编制工程设备的运送时间表,制订出参与设备运输的有关人员的责任,使有关人员明确在运输质量保证中应做的事和应负的责任,这也是保证运输质量的前提。设备运输有关人员各自的质量责任有以下几方面。

(1)供方的质量责任。发包人设备采购部门在监理人参与下与供方签订的供货合同中,应包含供货方在保证运输质量方面所承担一切责任的条款,同时合同中要明确规定供方为保证运输质量所采取的必要措施。

(2)工程设备采购人员的质量责任。采购人员应明确采购对象的质量、规格、品种及在运输中保证质量的要求,根据不同的工程设备及对其需要时间等要求,编制运输计划及保证运输质量的措施,合理选择运输方式,向押运人员、装卸人员、运输人员作保证运输质量的技术交底,监督供方合同中有关保证运输质量措施及所负责任的条款等。

(3)押运人员的质量责任。押运人员负责运输全过程的质量管理,处理运输中发生的异常情况,确保设备的运输质量。

（4）装卸人员的质量责任。装卸人员应按照采购人员提出的装卸操作要求进行装卸，禁止野蛮装卸，认清设备的品种、规格、标记和件数，避免错装、漏装；装卸中若发现质量问题，应及时向押运人员或采购人员反映，研究适当的处理办法。

（5）运输人员的质量责任。明确保证运输质量的要求，积极配合押运人员、装卸人员做好保证运输质量的各项工作；选择合适的运输路线和路面，必要时应限速，避免坑洼路面；停车、卸车地点的选择应满足技术交底规定的要求，尽量做到直达运输，避免二次搬运。

3. 工程设备检查及验收的质量控制

根据合同条件的规定，工程设备运至现场后，承包人应负责在现场工程设备的接收工作，然后由监理人进行检查验收，工程设备的检查验收内容有：计数检查；质量保证文件审查；品种、规格、型号的检查；质量确认检验等。

（1）质量保证文件的审查和管理。质量保证文件是供货厂家（制造商）或被委托的加工单位向需方提供的证明文件，证明其所供应的设备及器材，完全达到需方提出的质量保证计划书所需求的技术性文件。一方面，它可以证明所对应的设备及器材质量符合标准要求，需方在掌握供方质量信誉及进行必要的复验的基础上，就可以投入施工或运行；另一方面，它也是施工单位提供竣工技术文件的重要组成部分，以证明建设项目所用设备及器材完全符合要求。因此，甲方（如委托施工单位督造，则应为施工单位）必须加强对设备及器材质量保证文件的管理。

工程设备质量保证文件的组成内容随设备的类别、特点的不同而不尽相同。但其主要的、基本的内容包括：①供货总说明；②合格证明书、说明书；③质量检验凭证；④无损检测人员的资格证明；⑤焊接人员名单、资格证明及焊接记录；⑥不合格内容、质量问题的处理说明及结果；⑦有关图纸及技术资料；⑧质量监督部门的认证资料等。

监理人应重视并加强对质量保证文件的管理。质量保证文件管理的内容主要有：①所有投入到工程中的工程设备必须有齐备的质量保证文件；②对无质量保证文件或质量保证文件不齐全，或质量保证文件虽齐全，但对其对应的设备表示怀疑时，监理人应进行质量检验（或办理委托质量检验）；③质量保证文件应有足够的份数，以备工程竣工后用；④监理人应监督施工承包人将质量保证文件编入竣工技术文件等。

（2）工程设备质量的确认。质量确认检验的目的是通过一系列质量检验手段，将所得的质量数据与供方提供的质量保证文件相对照，对工程设备质量的可靠性做出判断，从而决定其是否可以投用。另外，质量确认检验的附加目的，是对供方的质量检验资格、能力、水平做出判断，并将质量信息反馈给供方。

质量确认检验按一定的程序进行。其一般程序如下：

①由采购员将供方提出的全部质量保证文件送交负责质量检验的监理人审查。

②检验人员按照供方提供的质量保证文件，对工程设备进行确认检查，如经查无误，检验人员在"工程设备验收单"上盖允许或合格的印记。

③当对供方提供的质量保证文件资料的正确性有怀疑或发现文件与设备实物不符，以及设计、技术规程有明确规定，或因是重要工程设备必须复验才可使用时，检验人员应盖暂停入库的记号，并填写复验委托单，交有关部门复验。

4. 工程设备的试车运转质量控制

工程设备安装完毕后,要参与和组织单体、联体无负荷和有负荷的试车运转。对于试运转的质量控制可分为 4 个阶段。

(1)质量检查阶段。试车运转前的全面综合性的质量检查是十分必要的,通过这一工作,可以把各类问题暴露于试车运转之前,以便采取相应措施加以解决,保证试车运转质量。试车运转前的检查是在施工过程质量检验的基础上进行的,其重点是:施工质量、质量隐患及施工漏项。对检查中发现的各类问题,监理人应责令责任方编写整改计划,进行逐项整改并逐项检查验收。

(2)单体试车运转阶段。单体试车运转,对工程设备而言,也称为单机试车运转。在系统清洗、吹扫、贯通合格,相应需要的电、水、气、风等引入的条件下,可分别实施单体试车运转。

单体试车运转合格,并取得生产(使用)单位参加人员的确认后,可分别向生产单位办理技术交工,也可待工程中的所有单机试车运转合格后,办理一次性技术交工。

(3)无负荷或非生产性介质投料的联合试车运转。无负荷联合试车运转是不带负荷的总体联合试车运转。它可以是各种转动设备、动力设备、反应设备、控制系统以及联结它们成为有机整体的各种联系系统的联合试车运转。在这个阶段的试车运转中,可以进行大量的质量检验工作,如密封性检验、系统试压等,以发现在单体试运中不能或难以发现的工程质量问题。

(4)有负荷试车运转。有负荷试车运转实际上是试生产过程,是进一步检验工程质量、考核生产过程中的各种功能及效果的最后也是最重要的检验。

进行有负荷试车运转必须具备以下条件:无负荷试车运转中发现的各类质量问题均已解决完毕,工程的全部辅助生产系统满足试车运转需要且畅通无阻,公用工程配套齐全;生产操作人员配备齐全,辅助材料准备妥当,相应的生产管理制度建立齐全,通过有负荷试车运转,以进一步发现工程的质量问题,并对生产的处理量、产量、产品品种及其质量等是否达到设计要求,进行全面检验和评价。

(三) 材料和工程设备的检验

材料和工程设备的检验应符合下列规定:

(1)对于工程中使用的材料、构配件,监理机构应监督承包人按有关规定和施工合同约定进行检验,并应查验材质证明和产品合格证。

(2)对于承包人采购的工程设备,监理机构应参加工程设备的交货验收;对于发包人提供的工程设备,监理机构应会同承包人参加交货验收。

(3)材料、构配件和工程设备未经检验,不得使用;经检验不合格的材料、构配件和工程设备,应督促承包人及时运离工地或做出相应处理。

(4)监理机构如对进场材料、构配件和工程设备的质量有异议时,可指示承包人进行重新检验;必要时,监理机构应进行平行检测。

(5)监理机构发现承包人未按有关规定和施工合同约定对材料、构配件和工程设备进行检验,应及时指示承包人补做检验;若承包人未按监理机构的指示进行补验,监理机构可按施工合同约定自行或委托其他有资质的检验机构进行检验,承包人应为此提供一切方便并承担相应费用。

(6)监理机构在工程质量控制过程中发现承包人使用了不合格的材料、构配件和工程设备时,应指示承包人立即整改。

三、施工设备的质量控制

施工设备质量控制的目的,在于为施工提供性能好、效率高、操作方便、安全可靠、经济合理且数量足够的施工设备,以保证按照合同规定的工期和质量要求,完成建设项目施工任务。

监理人应着重从施工设备的选择、使用管理和保养、施工设备性能参数的要求等3方面予以控制。

(一)施工设备的选择

施工设备选择的质量控制,主要包括设备型式的选择和主要性能参数的选择两方面。

(1)施工设备的选型。应考虑设备的施工适用性、技术先进、操作方便、使用安全,保证施工质量的可靠性和经济上的合理性。例如疏浚工程应根据地质条件、疏浚深度、面积及工程量等因素,分别选择抓斗式、链斗式、吸扬式、耙吸式等不同型式的挖泥船,对于混凝土工程,在选择振捣器时,应考虑工程结构的特点、振捣器功能、适用条件和保证质量的可靠性等因素,分别选择大型插入式、小型软轴式、平板式或附着式振捣器。

(2)施工设备主要性能参数的选择。应根据工程特点、施工条件和已确定的机械设备型式,来选定具体的机械。例如,堆石坝施工所采用的振动碾,其性能参数主要是压实功能和生产能力,在已选定牵引式振动碾的情况下,应选择能够在规定的铺筑厚度下振动碾压6~8遍以后,就能使填筑坝料的密度达到设计要求的振动碾。

(二)施工设备的使用管理和保养

为了更好地发挥施工设备的使用效果和质量效果,监理人应督促施工承包人做好施工设备的使用管理和保养工作,包括:

(1)加强施工设备操作人员的技术培训和考核,正确掌握和操作机械设备,做到定机定人,实行机械设备使用保养的岗位责任制。

(2)建立和健全机械设备使用管理的各种规章制度,如人机固定制度、操作证制度、岗位责任制度、交接班制度、技术保养制度、安全使用制度、机械设备检查维修制度及机械设备使用档案制度等。

(3)严格执行各项技术规定,例如:

①技术试验规定。对于新的机械设备或经过大修、改装的机械设备,在使用前必须进行技术试验,包括无负荷试验、加负荷试验和试验后的技术鉴定等,以测定机械设备的技术性能、工作性能和安全性能,试验合格后才能使用。

②走合期规定。即新的机械设备和大修后的机械设备在初期使用时,工作负荷或行驶速度要由小到大,使设备各部分配合达到完善磨合状态,这段时间称为机械设备的走合期。如果初期使用就满负荷作业,会使机械设备过度磨损,降低设备的使用寿命。

③寒冷地区使用机械设备的规定。在寒冷地区,机械设备会产生启动困难、磨损加剧、燃料润滑油消耗增加等现象,要做好保温取暖工作。

④施工设备进场后,未经监理人批准,不得擅自退场或挪作他用。

(三)施工设备性能及状况的考核

对于施工设备的性能及状况,不仅在其进场时应进行考核,在使用过程中,由于零件的磨损、变形、损坏或松动,会降低效率和性能,从而影响施工质量。因此,监理人必须督促施工承包人对施工设备特别是关键性的施工设备的性能和状况定期进行考核。例如对吊装机械等必须定期进行无负荷试验、加荷试验及其他测试,以检查其技术性能、工作性能、安全性能和工作效率。发现问题时,应及时分析原因,采取适当措施,以保证设备性能的完好。

四、施工方法的质量控制

这里所指的方法控制,包含工程项目整个建设周期内所采取的技术方案、工艺流程、组织措施、检测手段、施工组织设计等的控制。

施工方案合理与否、施工方法和工艺先进与否,均会对施工质量产生极大的影响,是直接影响工程项目的进度控制、质量控制、投资控制 3 大目标能否顺利实现的关键。在施工实践中,由于施工方案考虑得不周、施工工艺落后而造成施工进度迟缓,质量下降,增加投资等情况时有发生。为此,监理人在制定和审核施工方案和施工工艺时,必须结合工程实际,从技术、管理、经济、组织等方面进行全面分析,综合考虑,确保施工方案和施工工艺在技术上可行、在经济上合理,且有利于提高施工质量。

五、环境因素的质量控制

影响工程项目质量的施工环境因素较多,主要有技术环境、施工管理环境及自然环境。技术环境因素包括施工所用的规程、规范、设计图纸及质量评定标准。施工管理环境因素包括质量保证体系、三检制、质量管理制度、质量签证制度、质量奖惩制度等。自然环境因素包括工程地质、水文、气象、温度等。

上述环境因素对施工质量的影响具有复杂而多变的特点,尤其是某些环境因素更是如此,如气象条件就是千变万化,温度、大风、暴雨、酷暑、严寒等均影响到施工质量。为此,监理人要根据工程特点和具体条件,采取有效的措施,严格控制影响质量的环境因素,确保工程项目质量。

第六节　施工工序质量控制

工程质量是在施工过程中形成的,不是检验出来的。工程项目的施工过程,是由一系列相互关联、相互制约的工序所构成的。工序质量是基础,直接影响工程项目的整体质量。要控制工程项目施工过程的质量,首先必须加强工序质量控制。

一、工序质量控制的内容

进行工序质量控制时,应着重于以下 4 方面的工作。

(一)严格遵守工艺规程

施工工艺和操作规程,是进行施工操作的依据和法规,是确保工序质量的前提,任何人都必须遵守,不得违反。

(二)主动控制工序活动条件的质量

工序活动条件包括的内容很多,主要指影响质量的 5 大因素,即施工操作者、材料、施工机械设备、施工方法和施工环境。只有将这些因素切实有效地控制起来,使它们处于被控状态,确保工序投入品的质量,才能保证每道工序的正常和稳定。

(三)及时检验工序活动效果的质量

工序活动效果是评价工序质量是否符合标准的尺度。为此,必须加强质量检验工作,对质量状况进行综合统计与分析,及时掌握质量动态,发现质量问题应及时处理。

(四)设置质量控制点

质量控制点是指为了保证作业过程质量而预先确定的重点控制对象、关键部位或薄弱环节,设置控制点以便在一定时期内、一定条件下进行强化管理,使工序处于良好的控制状态。

二、工序分析

工序分析就是找出对工序的关键或重要的质量特性起着支配作用的那些要素的全部活动,以便能在工序施工中针对这些主要因素制订出控制措施及标准,进行主动的、预防性的重点控制,严格把关。工序分析一般可按以下步骤进行。

(1)选定分析对象,分析可能的影响因素,找出支配性要素。包括以下工作:

①选定的分析对象可以是重要的、关键的工序,或者是根据过去的资料认为经常发生问题的工序。

②掌握特定工序的现状和问题,改善质量的目标。

③分析影响工序质量的因素,明确支配性要素。

(2)针对支配性要素,拟订对策计划,并加以核实。

(3)将核实的支配性要素编入工序质量控制表。

(4)对支配性要素落实责任,实施重点管理。

三、质量控制点

设置质量控制点是保证达到施工质量要求的必要前提,监理人在拟订质量控制工作计划时,应予以详细地考虑,并以制度来保证落实;对于质量控制点,要事先分析可能造成质量问题的原因,再针对原因制订对策和措施进行预控。

(一)质量控制点设置步骤

承包人应在提交的施工措施计划中,根据自身的特点拟定质量控制点,通过监理人审核后,就要针对每个控制点进行控制措施的设计,主要步骤和内容如下:

（1）列出质量控制点明细表。

（2）设计质量控制点施工流程图。

（3）进行工序分析，找出影响质量的主要因素。

（4）制订工序质量表，对上述主要因素规定出明确的控制范围和控制要求。

（5）编制保证质量的作业指导书。

承包人对质量控制点的控制措施设计完成后，经监理人审核批准后方可实施。

（二）质量控制点的设置

监理人应督促施工承包人在施工前全面、合理地选择质量控制点，并对施工承包人设置质量控制点的情况及拟采取的控制措施进行审核。必要时，应对施工承包人的质量控制实施过程进行跟踪检查或旁站监督，以确保质量控制点的实施质量。

承包人在工程施工前应根据施工过程质量控制的要求、工程性质和特点以及自身的特点，列出质量控制点明细表，表中应详细地列出各质量控制点的名称或控制内容、检验标准及方法等，提交监理人审查批准后，在此基础上实施质量预控。

设置质量控制点的对象，主要有以下几方面：

（1）人的行为。某些工序或操作重点应控制人的行为，避免人的失误造成质量问题。如高空作业、水下作业、爆破作业等危险作业。

（2）材料的质量和性能。材料的质量和性能是直接影响工程质量的主要因素，尤其是某些工序，更应将材料的质量和性能作为控制的重点。如预应力钢筋的加工，就要求对钢筋的弹性模量、含硫量等有较严要求。

（3）关键的操作。

（4）施工顺序。有些工序或操作，必须严格相互之间的先后顺序。

（5）技术参数。有些技术参数与质量密切相关，亦必须严格控制。如外加剂的掺量，混凝土的水灰比等。

（6）常见的质量通病。常见的质量通病如混凝土的起砂、蜂窝、麻面、裂缝等都与工序严格相关，应事先制订好对策，提出预防措施。

（7）新工艺、新技术、新材料的应用。当新工艺、新技术、新材料虽已通过鉴定、试验，但是施工操作人员缺乏经验，又是初次施工时，也必须对其工序进行严格控制。

（8）质量不稳定、质量问题较多的工序。通过质量数据统计，表明质量波动、不合格率较高的工序，也应作为质量控制点设置。

（9）特殊地基和特种结构。

对于湿陷性黄土、膨胀土、红黏土等特殊地基的处理，以及大跨度结构、高耸结构等技术难度大的施工环节和重要部位，更应特别控制。

（10）关键工序。如钢筋混凝土工程的混凝土振捣，灌注桩的钻孔，隧洞开挖的钻孔布置、方向、深度、用药量和填塞等。

控制点的设置要准确有效，因此究竟选择哪些对象作为控制点，这需要由有经验的质量控制人员通过对工程性质和特点、自身特点以及施工过程的要求充分进行分析后选择。如表4-3所示是某工程设置的质量控制点。

表 4-3　工程质量控制点

序号	工程项目	质量控制要点	控制手段与方法
1	土石方工程	开挖范围(尺寸及边坡比)	测量、巡视
		高程	测量
2	一般基础工程	位置(轴线及高度)	测量
		高程	测量
		地基承载能力	试验测定
		地基密实度	检测、巡视
3	碎石桩基础	桩底土承载力	测试、旁站
		孔位、孔斜、成桩垂直度	量测、巡视
		投石量	量测、旁站
		桩身及桩间土	试验、旁站
		复合地基承载力	试验、旁站
4	换填基础	原状土地基承载力	测试、旁站
		混合料配合比、均匀性	审核配合比,取样检查、巡视
		碾压遍数、厚度	旁站
		碾压密实度	仪器、测量
5	水泥搅拌桩	桩位(轴线、坐标、高程)	测量
		桩身垂直度	量测
		桩顶、桩端地层高程	测量
		外掺剂掺量及搅拌头叶片外径	量测
		水泥掺量、水泥浆液、搅拌喷浆速度	量测
		成桩质量	N10 轻便触探器检验、抽芯检测
6	灌注桩	孔位(轴线、坐标、高程)	测量
		造孔、孔径、垂直度	量测
		终孔、桩端地层、高程	检测、终孔岩样做超前钻探
		钢筋混凝土浇筑	审核混凝土配合比、坍落度、 施工工艺、规程,旁站
		混凝土密实度	用大小应变超声波等检测,巡视

续表 4-3

序号	工程项目	质量控制要点		控制手段与方法
7	混凝土浇筑	位置轴线、高程	测量	①原材料要合格,碎石冲洗,外加剂检查试验。 ②混凝土拌和:拌和时间不少于 120 s。 ③混凝土运输方式。 ④混凝土入仓方式。 ⑤浇筑程序、方式、方法。 ⑥平仓、控制下料厚度、分层。 ⑦捣振间距,不超过振动棒长度的 1.25 倍,不漏振,振捣时间每次 20~30 s。 ⑧浇筑时间要快,不能停顿,但要控制层面时间。 ⑨加强养护
		断面尺寸	量测	
		钢筋:数量、直径、位置、接头、绑扎、焊接	量测、现场检查	
		施工缝处理和结构缝措施	现场检查	
		止水材料的搭接、焊接	现场检查	
		混凝土强度、配合比、坍落度	现场制作试块,审核试验报告,旁站	
		混凝土外观	量测	

注:1. 巡视,指施工现场作业面不定时的检查监督。

2. 旁站,指用现场跟踪、观察及量测等方式进行的检查监督。

3. 量测,指用简单的手持式量尺及量具、量器(表)进行的检查监督。

4. 测量,指借助于测量仪器、设备进行检查。

5. 试验,指通过试件、取样进行的试验检查等。

(三)两类质量检验点

从理论上讲,或在工程实践中,要求监理人对施工全过程的所有施工工序和环节都能实施检验,以保证施工的质量。然而,在实际中难以做到这一点,为此监理人应在工程开工前,应督促施工承包人在施工前全面、合理地选择质量控制点。根据质量控制点的重要程度及不同监督控制要求,将质量控制点区分为质量检验见证点和质量检验待检点。

1. 见证点

所谓见证点,是指承包人在施工过程中达到这一类质量检验点时,应事先书面通知监理人到现场见证,观察和检查承包人的实施过程。然而在监理人接到通知后未能在约定时间到场的情况下,承包人有权继续施工。

例如,在建筑材料生产时,承包人应事先书面通知监理人对采石场的采石、筛分进行见证。当生产过程的质量较为稳定时,监理人可以到场也可以不到场见证,承包人在监理人不到场的情况下可继续生产,但须做好详细的施工记录,供监理人随时检查。在混凝土生产过程中,监理人不一定到场检验每一次拌和的混凝土温度、坍落度、配合比等指标,而可以由承包人自行取样,并做好详细的检验记录供监理人检查。然而,在混凝土强度等级改变或发现质量不稳定时,监理人可以要求承包人事先书面通知监理人到场检查,否则不得开拌。此时,这种质量检验点就成了"待检点"。

质量检验见证点的实施程序如下:

步骤 1:施工或安装承包人在到达这一类质量检验点(见证点)之前 24 h,书面通知监理人,说明何日何时到达该见证点,要求监理人届时到场见证。

步骤 2:监理人应注明他收到见证通知的日期并签字。

步骤 3:如果在约定的见证时间监理人未能到场见证,承包人有权进行该项施工或安装工作。

步骤 4:如果在此之前,监理人根据对现场的检查,并写明意见,则承包人在监理人意见的旁边,应写明根据上述意见已经采取的改正行动,或者所可能有的某些具体意见。

监理人到场见证时,应仔细观察、检查该质量检验点的实施过程,并在见证表上详细记录,说明见证的建筑物名称、部位、工作内容、工时、质量等情况,并签字。该见证表还可用作承包人进度款支付申请的凭证之一。

2. 待检点

对于某些更为重要的质量检验点,必须要在监理人到场监督、检查的情况下,承包人才能进行检验。这种质量检验点称为"待检点"。

例如在混凝土工程中,由基础面或混凝土施工缝处理,模板、钢筋、止水、伸缩缝和坝体排水管及混凝土浇筑等工序构成混凝土单元工程,其中每一道工序都应由监理人进行检查认证,每一道工序检验合格才能进入下一道工序。根据承包人以往的施工情况,有的可能在模板架立上容易发生漏浆或模板走样事故,有的可能在混凝土浇筑方面经常出现问题。此时,就可以选择模板架立或混凝土浇筑作为"待检点",承包人必须事先书面通知监理人,并在监理人到场进行检查监督的情况下才能进行施工。

又如在隧洞开挖中,当采用爆破掘进时,钻孔的布置、钻孔的深度、角度、炸药量、填塞深度、起爆间隔时间等爆破要素对于开挖的效果有很大影响,特别是在遇到有地质构造带如断层、夹层、破碎带的情况下,正确的施工方法以及支护对施工安全关系极大。此时,应该将钻孔的检查和爆破要素的检查定为"待检点",每一工序必须要通过监理人的检查确认。

当然,从广义上讲,隐蔽工程覆盖前的验收和混凝土工程开仓前的检验,也可以认为是"待检点"。"待检点"和"见证点"执行程序的不同,就在于步骤 3,即如果在到达待检点时,监理人未能到场,承包人不得进行该项工作,事后监理人应说明未能到场的原因,然后双方约定新的检查时间。

"见证点"和"待检点"的设置,是监理人对工程质量进行检验的一种行之有效的方法。这些检验点应根据承包人的施工技术力量、工程经验、具体的施工条件、环境、材料、机械等各种因素的情况来选定。各承包人的这些因素不同,"见证点"或"待检点"也就不同。有些检验点在施工初期,当承包人对施工还不太熟悉、质量还不稳定时可以定为"待检点"。而当施工承包人已熟练地掌握施工过程的内在规律、工程质量较稳定时,又可以改为"见证点"。某些质量控制点,对于这个承包人可能是"待检点",而对于另一个承包人可能是"见证点"。

四、工序质量的检查

(一)承包人自检

承包人是施工质量的直接实施者和责任者。监理工程师的质量监督与控制就是使承包单位建立起完善的质量自检体系并运转有效。

承包人完善的自检体系是承包人质量保证体系的重要组成部分,承包人各级质检人员应按照承包人质量保证体系所规定的制度,按班组、值班检验人员、专职质检员逐级进行质量自检,保证生产过程中有合格的质量。发现缺陷及时纠正和返工,把事故消灭在萌芽状态,监理人员应随时监督检查,保证承包人质量保证体系的正常运作,这是施工质量得到保证的重要条件。

(二)监理人的检查

监理人的质量检查与验收,是对承包人施工质量的复核与确认;监理人的检查决不能代替承包人的自检,而且监理人的检查必须是在承包人自检并确认合格的基础上进行的。专职质检员没检查或检查不合格不能报监理工程师,不符合上述规定时,监理工程师一律拒绝进行检查。

第七节　设备安装质量控制

设备安装要按设计文件实施,要符合有关的技术要求和质量标准。设备安装应从设备开箱起,直至设备的空载试运转,必须带负荷才能试运转的应进行负荷试运转。在安装过程中,监理工程师要做好安装过程的质量监督与控制,对安装过程中每一个单元工程、分部工程和单位工程进行检查质量验收。

一、设备安装准备阶段的质量控制

(一)严格审核安装作业指导书,优化安装方案

主要机电设备安装项目开工前,安装单位必须编制安装作业指导书供监理工程师审查。通过审查可以优化安装程序和方案,以免因安装程序和方案不当,造成返工或延误工期。另外,安装单位能按审批的安装作业指导书要求进行安装,更好地控制安装质量。安装作业指导书未经监理工程师审批,不允许施工。

(二)认真进行设备开箱验收,发现问题及时处理

设备运抵工地后,由监理、安装、项目法人和设备厂代表进行开箱检查和验收。在开箱检查时,对机电设备的外观进行检查、核对产品型号和参数,检查出厂合格证、出厂试验报告、技术说明书等资料,核对专用工具和备品备件,对缺损件和不合格品进行登记。

(三)加强巡视检查、重点部位和重要试验旁站监理

机电设备的安装工序较多,每道工序一般都不重复,有时一天要完成几个工序的安装,因此监理工程师现场的巡视和跟踪是非常重要的,要掌握第一手资料,及时协调和处理发生的各种问题,使安装工程有序地进行。

二、设备安装过程的质量控制

设备安装过程的检查,包括设备基础、设备就位、设备调平找正、设备复查与二次灌浆。

(一)设备基础

每台设备都有一个坚固的基础,以承受设备本身的重量和设备运转时产生的振动力和惯性力。若无一定体积的基础来承受这些负荷和抵抗振动,必将影响设备本身的精度和寿命。

根据使用材料的不同,基础分为素混凝土基础和钢筋混凝土基础。素混凝土基础主要用于安装静止设备和振动力不大的设备。钢筋混凝土基础用于安装大型及有振动力的设备。

设备安装就位前,安装单位应对设备基础进行检验,以保证安装工作的顺利进行。一般是检查基础的外形(几何尺寸)、位置等。对于大型设备的基础,应审核土建部门提供的预压及沉降观测记录,如无沉降观测记录,应进行基础预压,以免设备在安装后出现基础下沉和倾斜。

设备基础检验的主要内容有:

(1)所在基础表面的模板、露出基础外的钢筋等必须拆除,地脚螺栓孔内模板、碎料及杂物、积水应全部清除干净。

(2)根据设计图纸要求,检查所有预埋件的数量和位置的正确性。

(3)设备基础断面尺寸、位置、标高、平正度和质量。

(4)基础混凝土的强度是否满足设计要求。

(5)设备基础检查后,如有不合格的应及时处理。

(二)设备就位

设备就位是指在设备安装中,正确地找出并划定设备安装的基准线,然后根据基准线将设备安放到确定的位置上。包括纵、横向的位置和标高。设备就位前,应将其底座底面的油污、泥土等去掉,将灌浆处的基础或地坪表面凿成麻面,被油沾污的混凝土应予凿除,否则灌浆质量无法保证。

设备就位要根据基础安装基准线和设备定位基准线,使设备上的定位基准线对准安装基准线,通过进行设备微移调整,使其安装过程中出现的偏差控制在允许范围之内。

设备就位应平稳,防止摇晃位移;对重心较高的设备,应采取措施预防失稳倾覆。

(三)设备调平找正

设备调平找正主要是使设备通过校正调整达到国家规范所规定的质量标准,分为3个步骤。

1. 设备找正

设备找正找平时也需要相应的基准面和测点。所选择的测点应有足够的代表性。一般情况下对于刚性较大的设备,测点数可较少;对于易变形的设备,测点数应适当增多。

2. 设备初平

设备初平是在设备就位找正之后,初步将设备的安装水平调整到接近要求的程度。

设备初平常与设备就位结合进行。

3.设备精平

设备精平是对设备进行最后的检查调整。设备精平在清洗后的精加工面上进行。精平时,设备的地脚螺栓已经灌浆,其混凝土强度不应低于设计强度的 70%,地脚螺栓可紧固。

(四)设备复查与二次灌浆

每台设备安装定位,找正找平以后,要进行严格的复查工作,使设备的标高、中心和水平螺栓调整垫铁的紧度完全符合技术要求,如果检查结果完全符合安装技术标准,并经监理单位审查合格后,即可进行二次灌浆工作。

三、设备安装的验收

设备转动精度的检查是设备安装质量检查验收的重点和难点。设备运行时是否平稳以及使用寿命的长短,不仅与组成这台机器的单体设备的制造质量有关,而且还与靠联轴器将各单体设备连成一体时的安装质量有关。机器的惯性越大,转速越高,对联轴器安装质量的要求也越高。为了避免设备安装产生的联接误差,许多国外设备的电动机与所驱动的设备被制造成一个整体,共用一个安装底(支)座,各自不再拥有独立的安装底座,从而方便了安装。目前检测联轴器安装精度较先进的仪器有激光对中仪,由于价格较贵,使用范围受限,还没有普及,多数设备安装单位使用的仍是百分表、量块。

设备安装质量的另一项重要检测是轴线倾斜度即两个相连转动设备的同轴度。在设备安装监理过程中应对安装单位使用测量仪器的精度提出要求和进行检查,在安装过程中对半联轴器的加工精度进行复测,对螺栓的紧固应使用扭力扳手,有条件的最好使用液压扳手。在安装前要求安装单位预先提交检测记录表审核其检测项目有无缺项,允差标准值是否符合规范要求。目的是促使安装单位在安装过程中按照规范要求进行调试,以保证安装精度。

第八节　质量控制实例

一、混凝土工程质量控制

(一)原材料质量控制

1.水泥

(1)水泥品种。承包人应按各建筑物部位施工图的要求,配置混凝土所需品种,各种水泥均应符合技术条款指定的国家和行业的现行标准。

大型水工建筑物所用的水泥,可根据具体情况对水泥的矿物成分等提出专门要求。每一工程所用水泥品种以 1~2 种为宜,并宜固定厂家供应。有条件时,应优先采用散装水泥。

(2)运输。运输时不得受潮和混入杂物。不同品种、强度等级、出厂日期和出厂编号的水泥应分别运输装卸,并做好明显标志,严防混淆。承包人应采取有效措施防止水泥受潮。

（3）贮存。进厂（场）水泥的贮放应符合下列规定：

散装水泥宜在专用的仓罐中贮放。不同品种和强度等级的水泥不得混仓，并应定期清仓。散装水泥在库内贮放时，水泥库的地面和外墙内侧应进行防潮处理。

袋装水泥应在库房内贮放，库房地面应有防潮措施。库内应保持干燥，防止雨露侵入。袋装水泥的出厂日期不应超过 3 个月，散装水泥的出厂日期不应超过 6 个月，快硬水泥的出厂日期不应超过 1 个月，袋装水泥的堆放高度不得超过 15 袋。

（4）检验。每批水泥均应有厂家的品质试验报告。承包人应按国家和行业的有关规定，对每批水泥进行取样检测，必要时还应进行化学成分分析。检测取样以 200~400 t 同品种、同强度等级水泥为一个取样单位，不足 200 t 时也应作为一个取样单位。检测的项目应包括：水泥强度等级、凝结时间、体积安定性、稠度、细度、比重等试验，监理人认为有必要时，可要求进行水化热试验。

2. 骨料

骨料应根据优质条件、就地取材的原则进行选择。可选用天然骨料、人工骨料，或两者互相补充。混凝土骨料应按监理人批准的料源进行生产，对含有活性成分的骨料必须进行专门的试验论证，并经监理人批准后方可使用。冲洗、筛分骨料时，应控制好筛分进料量、冲洗水压和用水量、筛网的孔径与倾角等，以保证各级骨料的成品质量符合要求，尽量减少细砂流失。

1）骨料的堆存和运输要求

（1）堆存骨料的场地，应有良好的排水设施。不同粒径的骨料必须分别堆存，设置隔离设施以防混杂。

（2）应尽量减少转运次数。粒径大于 40 mm 的粗骨料的净自由落差不宜大于 3 m，超过时应设置缓降设备。

（3）骨料堆存时，不宜堆成斜坡或锥体，以防产生分离。骨料储仓应有足够的数量和容积，并应维持一定的堆料厚度。砂仓的容积、数量还应满足砂料脱水的要求。应避免泥土混入骨料和骨料的严重破碎。

2）细骨料的质量要求规定

（1）细骨料的细度模数应为 2.4~3.0，测试方法按《水工混凝土试验规程》（SL/T 352—2020）中 3.0.1 进行。

（2）砂料应质地坚硬、清洁、级配良好，使用山砂、特细砂应经过试验论证。其他砂的质量要求如含泥量、石粉含量、云母含量、轻物质含量、硫化物及硫酸盐含量、坚固性和密度应满足要求。

3）粗骨料的质量要求规定

粗骨料的最大粒径，不应超过钢筋最小间距的 2/3 及构件断面边长的 1/4、素混凝土板厚的 1/2，对少筋或无筋结构，应选用较大的粗骨料粒径。

施工中应将骨料粒径分成下列几种级配：

二级配：分成 5~20 mm 和 20~40 mm，最大粒径为 40 mm。

三级配：分成 5~20 mm、20~40 mm 和 40~80 mm，最大粒径为 80 mm。

四级配:分成 5~20 mm、20~40 mm、40~80 mm 和 80~150 mm(120 mm),最大粒径为 150 mm(120 mm)。

采用连续级配或间断级配,应由试验确定并经监理人同意,如采用间断级配,应注意混凝土运输中骨料分离的问题。

其他粗骨料的质量要求如含泥量、坚固性、硫酸盐及硫化物含量、有机质含量、比重、吸水率、针片状颗粒含量等应满足要求。应严格控制各级骨料的超径、逊径含量。以原孔筛检验,其控制标准为超径小于 5%,逊径小于 10%。当以超径、逊径筛检验时,其控制标准为超径为 0,逊径小于 2%。

3. 水

(1)凡适宜饮用的水均可使用,未经处理的工业废水不得使用。拌和用水所含物质不应影响混凝土和易性和混凝土强度的增长,以及引起钢筋和混凝土的腐蚀。水的 pH 值、不溶物、可溶物、氯化物、硫化物的含量应满足规定。

(2)检查。拌和及养护混凝土所用的水,除按规定进行水质分析外,应按监理人的指示进行定期检测,在水质改变或对水质有怀疑时,应采取砂浆强度试验法进行检测对比,如果水样制成的砂浆抗压强度低于原合格水源制成的砂浆 28 d 龄期抗压强度的 90%,该水不能继续使用。

4. 掺合料

为改善混凝土的性能,合理降低水泥用量,宜在混凝土中掺入适量的活性掺合料,掺用部位及最优掺量应通过试验决定。非成品原状粉煤灰的品质指标如下。

(1)烧失量不得超过 12%。

(2)干灰含水量不得超过 1%。

(3)三氧化硫(水泥和粉煤灰总量中的)含量不得超过 3.5%。

(4)0.08 mm 方孔筛筛余量不得超过 12%。

5. 外加剂

为改善混凝土的性能、提高混凝土的质量及合理降低水泥用量,必须在混凝土中掺加适量的外加剂,其掺量通过试验确定。拌制混凝土或水泥砂浆常用的外加剂有减水剂、加气剂、缓凝剂、速凝剂和早强剂等。应根据施工需要,对混凝土性能的要求及建筑物所处的环境条件,选择适当的外加剂。有抗冻要求的混凝土必须掺用加气剂,并严格限制水灰比。

使用外加剂时应注意:

(1)外加剂必须与水混合配成一定浓度的溶液,各种成分用量应准确。对含有大量固体的外加剂(如含石灰的减水剂),其溶液应通过 0.6 mm 孔眼的筛子过滤。

(2)外加剂溶液必须搅拌均匀,并定期取有代表性的样品进行鉴定。

6. 钢筋

承包人应负责钢筋材料的采购、运输、验收和保管,并应按合同规定,对钢筋进行进场材质检验和点验入库。监理人认为有必要时,承包人应通知监理人参加检验和点验工作。若承包人要求采用其他种类的钢筋替代施工图中规定的钢筋,应将钢筋的替代报送监理人审批。钢筋混凝土结构用的钢筋应符合热轧钢筋主要性能的要求。

　　每批钢筋均应附有产品质量证明书及出厂检验单,承包人在使用前应分批进行以下钢筋机械性能试验。

　　(1)钢筋分批试验,以同一炉(批)、同一截面尺寸的钢筋为一批,取样的质量不大于60 kg。

　　(2)根据厂家提供的钢筋质量证明书,检查每批钢筋的外表质量,并测量每批钢筋的代表直径。

　　(3)在每批钢筋中,选取经表面质量检查和尺寸测量合格的两根钢筋中各取一个拉力试件(含屈服点、抗拉强度和延伸率试验)和一个冷弯试验,如一组试验项目的一个试件不符合规定数值,则另取2倍数量的试件,对不合格的项目做第二次试验,如有一个试件不合格,则该批钢筋为不合格产品。

　　水工结构非预应力混凝土中,不得使用冷拉钢筋,因为冷拉钢筋一般不作为受压筋。钢筋的表面应洁净无损伤,油漆污染和铁锈等应在使用前清除干净。带有颗粒状或片状老锈的钢筋不得使用。

(二)混凝土配合比

　　各种不同类型结构物的混凝土配合比必须通过试验选定。混凝土配合比试验前,承包人应将各种配合比试验的配料及其拌和、制模和养护等的配合比试验计划报送监理人。

　　混凝土的水灰比应以骨料在饱和面干状态下的混凝土单位用水量对单位胶凝材料用量的比值为准,单位胶凝材料用量为每立方米混凝土中水泥与混合材重量的总和。

　　承包人应按施工图的要求和监理人的指示,通过室内试验成果进行混凝土配合比设计,并报送监理人审批。水工混凝土水灰比最大允许值根据部位和地区的不同,应满足相应的规定,并不超过表4-4中的规定。

表4-4　水灰比最大允许值

混凝土所在部位	寒冷地区	温和地区
上、下游水位以上(坝体外部)	0.60	0.65
上、下游水位变化区(坝体外部)	0.50	0.55
上、下游最低水位以下(坝体外部)	0.55	0.60
基础	0.55	0.60
内部	0.70	0.70
受水流冲刷部位	0.50	0.50

　　注:1.在环境水有侵蚀的情况下,外部水位变化区及水下混凝土的水灰比最大允许值应减去0.05。

　　2.在采用减水剂和加气剂的情况下,经过试验论证,内部混凝土的水灰比最大允许值可增加0.05。

　　3.寒冷地区是指最冷月月平均气温在-3 ℃以下的地区。

　　4.配合比调整:在施工过程中,承包人需要改变监理人批准的混凝土配合比,必须重新得到监理人批准。

(三)混凝土拌和质量控制

　　承包人拌制现场浇筑混凝土时,必须严格遵照承包人现场试验室提供并经监理人批准的混凝土配料单进行配料,严禁擅自更改配料单。除合同另有规定外,承包人应采用固定拌和设备,设备生产率必须满足本工程高峰浇筑强度的要求,所有的称量、指示、记录及控制设备都应有防尘措施,设备称量应准确,其偏差量应不超过规定,承包人应按监理人的指示定期校核称量设备的精度。拌和设备安装完毕后,承包人应会同监理人进行设备运行操作检验。

对于混凝土拌和质量检查,应检查以下项目:

(1)水泥、外加剂符合国家标准;混凝土拌和时间应通过试验确定,拌和时间可参考表 4-5;混凝土强度保证率大于或等于 80%,混凝土抗冻、抗渗标号符合设计要求。

表 4-5　混凝土纯拌和时间

拌和机进料容量/m³	最大骨料粒径/mm	坍落度/cm		
		2~5	5~8	>8
1.0	80	—	2.5	2.0
1.6	150(或120)	2.5	2.0	2.0
2.4	150	2.5	2.0	2.0
5.0	150	3.5	3.0	2.5

注:1. 入机拌和量不应超过拌和机容量的 10%。

　　2. 掺加混合材、加气剂、减水剂及加冰时,宜延长拌和时间,出机料不应有冰块。

(2)混凝土坍落度、拌和物均匀性、抗压强度最小值、混凝土离差系数满足质量标准。

(3)水泥、混合材、砂、石、水的称量在其允许偏差范围之内,不应超过表 4-6 中的规定。

表 4-6　混凝土各组分称量的允许偏差

材料名称	允许偏差
水泥、掺合料	±1%
砂、石	±2%
水、片冰、外加剂溶液	±1%

在混凝土拌和过程中,应采取措施保持砂、石、骨料含水率稳定,砂子含水率应控制在6%以内。掺有掺合料(如粉煤灰等)的混凝土进行拌和时,掺合料可以湿掺也可以干掺,但应保证掺和均匀。

混凝土拌和均匀性检测:

(1)承包人应按监理人指示,并会同监理人对混凝土拌和均匀性进行检测。

(2)定时在出机口对一盘混凝土按出料先后各取一个试样(每个试样不少于 30 kg),以测量砂浆密度,其差值不应大于 30 kg/m³。

坍落度的检测:按施工图的规定和监理人的指示,每班应进行现场混凝土坍落度的检测,出机口应检测 4 次,仓面应检测 2 次。混凝土的坍落度,根据建筑物的性质、钢筋含量、混凝土的运输、浇筑方法和气候条件确定,尽可能采用小的坍落度。混凝土在浇筑地点的坍落度可参照表4-7的规定。

表4-7　混凝土浇筑地点坍落度

建筑物性质	标准圆锥坍落度/cm
水工素混凝土或少钢筋混凝土	1~4
配筋率不超过1%的钢筋混凝土	3~6
配筋率超过1%的钢筋混凝土	5~9

注:有温控要求或在低温季节浇混凝土时,混凝土的坍落度可根据情况酌情增减。

(四)混凝土运输

混凝土出拌和机后,应迅速运达浇筑地点,运输中不应有分离、漏浆和严重泌水现象。混凝土入仓时,应防止离析,最大骨料粒径150 mm的四级配混凝土自由下落的垂直落距不应大于1.5 m,骨料粒径小于80 mm的三级配混凝土自由下落的垂直落距不应大于2 m。

混凝土运至浇筑地点,应符合浇筑时规定的坍落度,当有离析现象时,必须在浇筑前进行二次搅拌。混凝土在运输过程中,应尽量缩短运输时间及减少转运次数。因故停歇过久,混凝土产生初凝时,应作废料处理。在任何情况下,严禁中途加水后运入仓内。

(五)混凝土浇筑

任何部位混凝土开始浇筑前,承包人必须通知监理人对浇筑部位的准备工作进行检查。检查内容包括:地基处理、已浇筑混凝土面的清理以及模板、钢筋、插筋、冷却系统、灌浆系统、预埋件、止水和观测仪器等设施埋设和安装等,经监理人检验合格后,方可进行混凝土浇筑。任何部位混凝土开始浇筑前,承包人应将该部位的混凝土浇筑的配料单提交监理人进行审核,经监理人同意后,方可进行混凝土的浇筑。

(1)基础面混凝土浇筑。

①建筑物建基面必须验收合格后,方可进行混凝土浇筑。

②岩基上的杂物、泥土及松动岩石均应清除,应冲洗干净并排干积水,如遇有承压水,承包人应指定引排措施和方法报监理人批准,处理完毕并经监理人认可后,方可浇筑混凝土。清洗后的基础岩面在混凝土浇筑前应保持洁净和湿润。

③易风化的岩基础及软基,在立模扎筋前应处理好地基临时保护层;在软基上进行操作时,应力求避免破坏或扰动原状土壤;当地基为湿陷性黄土时,应按监理人指示采取专门的处理措施。

④基岩面浇筑仓,在浇筑第一层混凝土前,必须先铺一层2~3 cm厚的水泥砂浆,砂浆水灰比应与混凝土浇筑强度相适应,铺设施工工艺应保证混凝土与基岩结合良好。

(2)混凝土的浇筑层厚度,应根据拌和能力、运输距离、浇筑速度、气温及振捣器的性能等因素确定。一般情况下,浇筑层的允许最大厚度,不应超过表4-8规定的数值;如采用低流态混凝土及大型强力振捣设备,其浇筑层厚度应根据试验确定。

表 4-8　混凝土浇筑层的允许最大厚度

项次	振捣器类别		浇筑层的允许最大厚度
1	插入式振捣器	电动、风动振捣器	振捣器工作长度的 0.8 倍
		软轴振捣器	振捣器头工作长度的 1.25 倍
2	表面振捣器	在无筋和单层钢筋结构中	250 mm
		在双层钢筋结构中	120 mm

(3)浇筑层施工缝面的处理。

在浇筑分层的上层混凝土浇筑前,应对下层混凝土的施工缝面,按监理人批准的方法进行冲毛或凿毛处理。

(4)浇入仓内的混凝土应随浇随平仓,不得堆积。仓内若有粗骨料堆叠,应均匀地分布于砂浆较多处,但不得用水泥砂浆覆盖,以免造成内部蜂窝。不合格的混凝土严禁入仓,已入仓的不合格混凝土必须清除,并按规定弃置在指定地点。浇筑混凝土时,严禁在仓内加水。如发现混凝土的和易性较差,应采取较强振捣等措施,以保证质量。

(5)施工中严格进行温度控制,是防止混凝土裂缝的主要措施。要防止大体积混凝土结构中产生裂缝,就要降低混凝土的温度应力,这就必须减少浇筑后混凝土的内外温差。为此应优先选用水化热低的水泥,掺入适量的粉煤灰,降低浇筑速度和减少浇筑厚度,浇筑后宜进行测温,采用一定的降温措施,控制内外温差不超过 25 ℃,必要时经过计算和取得设计单位同意后可留施工缝分层浇筑。

(6)施工缝留设。混凝土结构多要求整体浇筑,如因技术或组织上的问题不能连续浇筑,且停留时间有可能超过混凝土的初凝时间时,则应事先确定在适当的位置设置施工缝。由于混凝土的抗拉强度约为其抗压强度的 1/10,因而施工缝是结构中的薄弱环节,宜设置在结构剪力较小而且施工方便的部位。对于有巨大荷载、整体性要求高的混凝土结构,往往不允许留施工缝,要求一次性连续浇筑完毕。

(六)混凝土质量检查

(1)混凝土在拌制和浇筑过程中应按下列规定进行检查:

①检查拌制混凝土所用原材料的品种、规格和用量,每一工作班至少 2 次。

②检查混凝土在浇筑地点的坍落度,每一工作班至少 2 次。

③在每一工作班内,当混凝土配合比由于外界影响有变动时,应及时检查。

④混凝土的搅拌时间应随时检查。

(2)检查混凝土质量应进行抗压强度试验。对有抗冻、抗渗要求的混凝土,应进行抗冻性、抗渗性等试验。

(3)现场混凝土质量检验以抗压强度为主,同一强度等级混凝土试件的数量应符合下列要求:大体积混凝土:28 d 龄期,每 500 m^2 成型试件 3 个;设计龄期,每 1 000 m^3 成型试件 3 个。非大体积混凝土:28 d 龄期,每 100 m^2 成型试件 3 个;设计龄期,每 200 m^3 成型试件 3 个。对于抗拉强度:28 d 龄期,每 2 000 m^3 成型试件 3 个。

①混凝土的抗渗、抗冻要求,应在混凝土配合比设计中予以保证。因此,应适当地取样成型,以检验混凝土配合比。当有其他特殊要求时,由设计与施工单位另作规定。

②每一浇筑块混凝土方量不足以上规定数字时,也应取样成型一组试件。

③主体工程混凝土数量达 100 万 m^3 以上时,成型试件数量由设计与施工单位商定。

④三个试件应取自同一盘混凝土。

混凝土试件应在机口随机取样成型,不得任意挑选。同时,须在浇筑地点取一定数量的试件,以资比较。

(4)每组三个试件应在同盘混凝土中取样制作,并按下列规定确定该组试件的混凝土强度代表值:

①取三个试件强度的平均值;

②当三个试件强度中的最大值或最小值之一与中间值之差超过中间值的 15%时,取中间值;

③当三个试件强度中的最大值和最小值与中间值之差均超过中间值的 15%时,该组试件不应作为强度评定的依据。

(5)混凝土的质量评定按下列标准进行:

①按许可应力法设计的结构(如大坝等),混凝土的极限抗压强度是指设计龄期 15 cm 立方体强度。同批试件($n \geqslant 30$ 组)统计强度保证率最低不得小于 80%。

②按极限状态法设计的钢筋混凝土结构(如厂房等),同批试件($n \geqslant 30$ 组)的统计强度保证率最低不得小于 90%。

(6)同批混凝土的施工质量匀质性指标,以现场试件 28 d 龄期抗压强度离差系数 C_V 值表示。其评定标准见表 4-9。

表 4-9　现场混凝土抗压强度离差系数 C_V 的评定标准

混凝土强度等级	等级			
	优秀	良好	一般	较差
<200 号	<0.15	0.15~0.18	0.19~0.22	>0.22
≥200 号	<0.11	0.11~0.14	0.14~0.18	>0.18

(七)混凝土强度的合格评定

混凝土强度的评定应按下列要求进行。

1.统计方法评定

(1)当混凝土的生产条件在较长时间内能保持一致,且同一品种混凝土的强度变异性能保持稳定时,应由连续的 3 组试件代表一个验收批,其强度应同时符合下列要求:

$$m_{f_{cu}} \geqslant f_{cu,k} + 0.7\sigma_0 \qquad (4-1)$$

$$f_{cu,min} \geqslant f_{cu,k} - 0.7\sigma_0 \qquad (4-2)$$

当混凝土强度等级不高于 C20 时,其强度的最小值应满足下式要求:

$$f_{cu,min} \geqslant 0.85 f_{cu,k} \qquad (4-3)$$

当混凝土强度等级高于 C20 时,其强度的最小值应满足下式要求:

$$f_{cu,min} \geq 0.90 f_{cu,k} \qquad (4-4)$$

式中: $m_{f_{cu}}$ 为同一验收批混凝土立方体抗压强度的平均值,N/mm^2; $f_{cu,k}$ 为混凝土立方体抗压强度标准值,N/mm^2; σ_0 为验收批混凝土立方体抗压强度标准差,N/mm^2; $f_{cu,min}$ 为同一验收批混凝土立方体抗压强度最小值,N/mm^2。

上述各不等式的左边都是样本的验收函数,不等式的右边是规定的验收界限。只有当各要求同时满足时,才为合格。

(2) 当混凝土的生产条件在较长时间内不能保持一致,且混凝土强度变异性不能保持稳定时,或在前一个检验期内的同一品种混凝土没有足够的数据用以确定验收批混凝土立方体抗压强度的标准差时,应由不少于 10 组的试件组成一个验收批,其强度应同时满足下式的要求:

$$m_{f_{cu}} - \lambda_1 s_{f_{cu}} \geq 0.9 f_{cu,k} \qquad (4-5)$$

$$f_{cu,min} \geq \lambda_2 f_{cu,k} \qquad (4-6)$$

式中: $s_{f_{cu}}$ 为同一验收批混凝土立方体抗压强度的标准差,N/mm^2; λ_1、λ_2 为合格判定系数,见表 4-10。

表 4-10　混凝土强度的合格判定系数

试件组数	10~14	15~24	≥25
λ_1	1.70	1.65	1.60
λ_2	0.90	0.85	

2. 非统计方法评定

对零星生产的预制构件的混凝土或现场搅拌批量不大的混凝土,可采用非统计法评定。此时,验收混凝土的强度必须同时符合下列要求:

$$m_{f_{cu}} \geq 1.15 f_{cu,k} \qquad (4-7)$$

$$f_{cu,min} \geq 0.95 f_{cu,k} \qquad (4-8)$$

二、土石方开挖质量控制

(一) 土石方明挖

土方是指人工填土、表土、黄土、砂土、淤泥、黏土、砾质土、砂砾石、松散的坍塌体及软弱的全风化岩石,以及小于或等于 0.7 m^3 的孤石和岩块等,无须采用爆破技术而可直接使用手工工具或土方机械开挖的全部材料。

在水利工程施工中,明挖主要是建筑物基础、导流渠道、溢洪道和引航道(枢纽工程具有通航功能时)、地下建筑物的进、出口等部位的露天开挖,为开挖工程的主体。明挖的施工部署也关系着工程全局,极为重要。依据工程地形特征,明挖的施工部署大体可考虑分为两种类型:一种为工程规模大而开挖场面宽广,地形相对平坦,适宜于大型机械化施工,可以达到较高的强度,如葛洲坝工程和长江三峡工程;另一种为工程规模虽不很大,而工程处于高山狭谷之中,不利于机械作业,只能依靠提高施工技术,才能克服困难,顺利完成。

1.施工方法选择应注意的问题

土石方工程施工方案的选择必须依据施工条件、施工要求和经济效果等进行综合考虑,具体因素有如下几个方面。

(1)土质情况。必须弄清土质类别,是黏性土、非黏性土或岩石,以及密实程度、块体大小、岩石坚硬性、风化破碎情况等。

(2)施工地区的地势地形情况和气候条件,距重要建筑物或居民区的远近。

(3)工程情况。工程规模大小、工程数量和施工强度、工作场面大小、施工期长短等。

(4)道路交通条件。修建道路的难易程度、运输距离远近。

(5)工程质量要求。主要取决于施工对象,如坝、电站厂房及其他重要建筑物的基础开挖、填筑应严格控制质量。通航建筑物的引航道应控制边坡不被破坏,不引起塌方或滑坡。对一般场地平整的挖填有时是无质量要求的。

(6)机械设备。主要指设备供应或取得的难易、机械运转的可靠程度、维修条件与能力。对小型工程或施工时间不长时,为减少机械购置费用,可用原有的设备。但旧机械完好率低、故障多,工作效率必然较低,配置的机械数量应大于需要的量,以补偿其不足。工程数量巨大、施工期限很长的大型工程,应采用技术性能好的新机械,虽然机械购置费用较高,但新机械完好率高,生产率亦高,生产能力强,可保证工程顺利进行。

(7)经济指标。当几个方案或施工方法均能满足工程施工要求时,一般应以完成工程施工所花费用低者为最好。有时为了争取提前发电,经过经济比较后,也可选用工期短、费用较高的施工方案

2.开挖中应注意的问题

1)土方明挖

监理人应对开挖过程进行连续的监督检查,对开挖质量进行控制,在开挖过程中应注意以下问题:

(1)除另有规定外,所有主体工程建筑物的基础开挖均应在旱地进行;在雨季施工时,应有保证基础工程质量和安全施工的技术措施,有效防止雨水冲刷边坡和侵蚀地基土壤。

(2)监理人有权随时抽验开挖平面位置、水平标高、开挖坡度等是否符合施工图的要求,或与承包人联合进行核测。

(3)主体工程临时边坡的开挖,应按施工图所示或监理人的指示进行开挖;对承包人自行确定边坡坡度且时间保留较长的临时边坡,经监理人检查认为存在不安全因素时,承包人应进行补充开挖或采取保护措施。但承包人不得因此要求增加额外费用。

2)石方明挖

(1)边坡开挖。

边坡开挖前,承包人应详细调查边坡岩石的稳定性,包括设计开挖线外对施工有影响的坡面和岸坡等;设计开挖线以内有不安全因素的边坡,必须进行处理和采取相应的防护措施,山坡上所有危石及不稳定岩体均应撬挖排除,如少量岩块撬挖确有困难,经监理人同意可用浅孔微量炸药爆破。

开挖应自上而下进行,高度较大的边坡,应分梯段开挖,河床部位开挖深度较大时,应采用分层开挖方法,梯段(或分层)的高度应根据爆破方式(如预裂爆破或光面爆破)、施工机械性能及开挖区布置等因素确定。垂直边坡梯段高度一般不大于 10 m,严禁采取自下而上的开挖方式。

随着开挖高程下降,应及时对坡面进行测量检查以防止偏离设计开挖线,避免在形成高边坡后再进行处理。

对于边坡开挖出露的软弱岩层及破碎带等不稳定岩体的处理质量,必须按施工图和监理人的指示进行处理,并采取排水或堵水等措施,经监理人复查确认安全后,才能继续向下开挖。

(2)基础开挖。

除经监理人专门批准的特殊部位开挖外,永久建筑物的基础开挖均应在旱地中施工。

承包人必须采取措施避免基础岩石面出现爆破裂隙,或使原有构造裂隙和岩体的自然状态产生不应有的恶化。

邻近水平建基面,应预留岩体保护层,其保护层的厚度应由现场爆破试验确定,并应采用小炮分层爆破的开挖方法。若采用其他开挖方法,必须通过试验证明可行,并经监理人批准。基础开挖后表面因爆破震松(裂)的岩石,表面呈薄片状和尖角状突出的岩石,以及裂隙发育或具有水平裂隙的岩石均须采用人工清理,如单块过大,亦可用单孔小炮和火雷管爆破。

开挖后的岩石表面应干净、粗糙。岩石中的断层、裂隙、软弱夹层应被清除到施工图规定的深度。岩石表面应无积水或流水,所有松散岩石均应予以清除。建基面岩石的完整性和力学强度应满足施工图纸的规定。

基础开挖后,如基岩表面发现原设计未勘查到的基础缺陷,则承包人必须按监理人的指示进行处理,包括(但不限于)增加开挖、回填混凝土塞或埋设灌浆管等,监理人认为有必要时,可要求承包人进行基础的补充勘探工作。进行上述额外工作所增加的费用由发包人承担。

建基面上不得有反坡、倒悬坡、陡坎尖角;结构面上的泥土、锈斑、钙膜、破碎和松动岩块以及不符合质量要求的岩体等均必须采用人工清除或处理。

坝基不允许欠挖,开挖面应严格控制平整度。为确保坝体的稳定,坝基不允许开挖成向下游倾斜的顺坡。

在工程实施过程中,依据基础石方开挖揭示的地质特性,需要对施工图做必要的修改时,承包人应按监理人签发的设计修改图执行,涉及变更应按合同相关规定办理。

3. 开挖质量的检查和验收

1)土方开挖质量的检查和验收

土方明挖工程完成后,承包人应会同监理人进行以下各项的质量检查和验收:

(1)地基无树根、草皮、乱石;坟墓、水井泉眼已处理,地质符合设计要求。

(2)取样检测基础上的物理性能指标要符合设计要求。

(3)岸坡的清理坡度符合设计要求。

(4)坑(槽)长或宽、底部标高、垂直或斜面平整度满足设计要求,在允许偏差范围内。

2)石方明挖质量的检查和验收

（1）边坡质量检查和验收。

对于岩石边坡开挖后，应进行以下项目的检查：保护层的开挖，布孔是不是浅孔、密孔、少药量、火炮爆破。岸坡平均坡度应小于或等于设计坡度。开挖坡面应稳定，无松动岩块。

（2）岩石基础检查和验收。

承包人应会同监理人进行以下各款所列项目的质量检查和验收：保护层的开挖，布孔是不是浅孔、密孔、少药量、火炮爆破。建基面无松动岩块，无爆破影响裂隙。断层及裂隙密集带按规定挖槽。槽深为宽度的1~1.5倍。规模较大时，按设计要求处理。多组切割的不稳定岩体和岩溶洞穴，按设计要求处理。对于软弱夹层，厚度大于5cm者，挖至新鲜岩层或设计规定的深度。对于夹泥裂隙，挖1~1.5倍断层宽度，清除夹泥，或按设计要求进行处理。坑（槽）长或宽、底部标高、垂直或斜面平整度应满足设计要求，在允许偏差范围内。

（二）地下洞室开挖

地下洞室开挖，其内容包括隧洞、斜井、竖井、大跨度洞室等地下工程的开挖，以及已建地下洞室的扩大开挖等。这里只适用于钻爆法开挖，不适用于掘进机施工。承包人应全面掌握本工程地下洞室地质条件，按施工图、监理人指示和技术条款规定进行地下洞室的开挖施工。其开挖工作内容包括准备工作、洞线测量、施工期排水、照明和通风、钻孔爆破、围岩监测、塌方处理、完工验收前的维护，以及将开挖石渣运至指定地区堆存和废渣处理等工作。

1. 准备工作

在地下工程开挖前，承包人应根据施工图和技术条款的规定，提交施工措施计划、钻孔和爆破作业计划，报监理人审批。地下洞室开挖前，承包人应会同监理人进行地下洞室测量放样成果的检查，并对地下洞室洞口边坡的安全清理质量进行检查和验收。

地下洞室的爆破应进行专门的钻孔爆破设计，其内容包括：

（1）地下洞室的开挖应采用光面爆破和预裂爆破技术，其爆破的主要参数应通过试验确定，光面爆破和预裂爆破试验采用的参数可参照有关规范选用。

（2）承包人应选用岩类相似的试验洞段进行光面爆破和预裂爆破试验，以选择爆破材料和爆破参数，并将试验成果报送监理人。

2. 开挖

1）洞口开挖

洞口掘进前，应仔细勘察山坡岩石的稳定性，并按监理人的指示对危险部位进行处理和支护。

洞口削坡应自上而下进行，严禁上下垂直作业。同时应做好危石清理、坡面加固、马道开挖及排水等工作。

进洞前，须对洞脸岩体进行鉴定，确认稳定或采取措施后方可开挖洞口；洞口一般应设置防护棚，必要时应在洞脸上部加设挡石拦栅。

2)平洞开挖

平洞开挖的方法应在保证安全和质量的前提下,根据围岩类别、断面尺寸、支护方式、工期要求、施工机械化程度和施工技术水平等因素选定。有条件时,应优先采用全断面开挖方法。根据围岩情况、断面大小和钻孔机械、辅助工种配合情况等条件,选择最优循环进尺。

3. 竖井和斜井的开挖

竖井与斜井的开挖方法,可根据其断面尺寸、深度、倾角、围岩特性及施工设备等条件选定。竖井一般开挖方法有:自上而下全断面开挖方法,以及贯通导井后,自上而下进行扩大开挖方法。在Ⅰ、Ⅱ类围岩中开挖小断面的竖井,挖通导井后亦可采用留渣法蹬渣作业,自下而上扩大开挖。最后随出渣随锚固井壁。

4. 支护

需要支护的地段,应根据地质条件、洞室结构、断面尺寸、开挖方法、围岩暴露时间等因素,做出支护设计。除特殊地段外,应优先采用喷锚支护。采用喷锚支护时,应检查锚杆、钢筋网和喷射混凝土质量。

(1)锚杆材质和砂浆标号符合设计要求;砂浆锚杆抗拔力、预应力锚杆张拉力符合设计和规范要求;锚孔无岩粉和积水,孔位偏差、孔深偏差和孔轴方向符合要求。钢筋材质、规格和尺寸符合设计要求;钢筋网和基岩面距离满足质量要求;钢筋绑扎牢固。

(2)喷射混凝土抗压强度保证率85%及其以上;喷混凝土性能符合设计要求;喷混凝土厚度满足质量要求;喷层均匀性、整体性、密实情况要满足质量要求;喷层养护满足质量要求。

(3)贯通误差。地下洞室的开挖贯通测量容许极限误差应满足表4-11的要求。

表4-11　贯通测量容许极限误差值

相向开挖长度/km		≤4	>4
贯通极限误差	横向的/cm	±10	±15
	纵向的/cm	±20	±30
	竖向的/cm	±5	±7.5

5. 地下洞室开挖质量检查及验收

承包人应按合同的有关规定,做好地下工程施工现场的粉尘、噪声和有害气体的安全防护工作,以及定时定点进行相应的监测,并及时向监理人报告监测数据。工作场地内的有害成分含量必须符合国家劳动保护法规的有关规定。

承包人应对地下洞室开挖的施工安全负责。在开挖过程中应按施工图和合同规定,做好围岩稳定的安全保护工作,防止洞(井)口及洞室发生塌方、掉块,危及人员安全。开挖过程中,由于施工措施不当而发生山坡、洞口或洞室内塌方,引起工程量增加或工期延误,以及造成人员伤亡和财产损失,均应由承包人负责。

隧洞开挖过程中,承包人应会同监理人定期检测隧洞中心线的定线误差。

隧洞开挖完毕后,对于开挖质量应进行以下各项的检查:

（1）开挖岩面无松动岩块、小块悬挂体。

（2）如有地质弱面，对其处理符合设计要求。

（3）洞室轴线符合规范要求。

（4）底部标高、径向、侧墙、开挖面平整度在设计允许偏差范围内。

三、土石方回填质量控制

在水利水电工程中，土石方填筑主要包括基础和岸坡处理、土石料以及填筑的质量控制。这里所指的土石方填筑施工图所示为碾压式的土坝（堤）、土石坝、堆石坝等的坝体，以及土石围堰堰体和其他填筑工程的施工。

（一）坝基与岸坡处理

坝基与岸坡处理属隐蔽工程，直接影响坝的安全。一旦发生事故，较难补救，因此必须按设计要求认真施工。施工单位应根据设计要求，充分研究工程地质和水文地质资料，借以制订有关技术措施。对于缺少或遗漏的部分，应会同设计单位补充勘探和试验。坝基和岸坡处理过程中，如发现新的地质问题或检验结果与勘探有较大出入，勘测设计单位应补充勘探，并提出新的设计，与施工单位共同研究处理措施。对于重大的设计修改，应按程序报请上级单位批准后执行。

进行坝基及岸坡处理时，主要进行以下检查及检验。

1. 坝基及岸坡清理工序

（1）检查树木、草皮、树根、乱石、坟墓以及各种建筑物是否已全部清除，水井、泉眼、地道、洞穴等是否已经按设计处理。

（2）检查粉土、细砂、淤泥、腐殖土、泥炭是否已全部清除，对风化岩石、坡积物、残积物、滑坡体等是否已按设计要求处理。

（3）地质探孔、竖井、平洞、试坑的处理是否符合设计要求。

（4）长、宽是否在允许偏差范围内，清理边坡应不陡于设计边坡。

2. 坝基及岸坡地质构造处理

（1）岩石节理、裂隙、断层或构造破碎带是否已按设计要求进行处理。

（2）地质构造处理的灌浆工程符合设计要求和《水工建筑物水泥灌浆施工技术规范》（SL/T 62—2020）的规定。

（3）岩石裂隙与节理处理方法符合设计要求，节理、裂隙内的充填物冲洗干净，回填水泥浆、水泥砂浆、混凝土饱满密实。

（4）进行断层或破碎带的处理，开挖宽度、深度符合设计要求，边坡稳定，回填混凝土密实，无深层裂缝，蜂窝麻面面积不大于0.5%，对蜂窝进行处理。

3. 坝基及岸坡渗水处理

（1）渗水已妥善排堵，基坑中无积水。

（2）经过处理的坝基及岸坡渗水，在回填土或浇筑混凝土范围内水源基本切断，无积水，无明流。

（二）填筑材料

（1）料场复查与规划。

承包人应根据工程所需各种土石料的使用要求,对合同指定的土石料场进行复勘核查,其复查内容包括:

①土石坝坝体等填筑体采用的各种土料和石料的开采范围和数量。

②土料场开采区表土开挖厚度及有效开采层厚度;石料场的剥离层厚度、有效开采层厚度和软弱夹层分布情况。

③根据施工图要求对土石料进行物理力学性能复核试验。

④土石料场的开采、加工、储存和装运。

(2)承包人应根据合同提供的和承包人在料场复查中获得的料场地形、地质、水文气象、交通道路、开采条件和料场特性等各项资料以及监理人批准的施工措施计划,对各种用料进行统一规划,并提出料场规划报告报送监理人审批。料场规划报告内容应包括:

①开采工作面的划分,以及开采区的供电系统、排水系统、堆料场、各种用料加工场、运输线路、装料站、弃渣场以及备用料源开采区等的布置设计。

②上述各系统和场站所需各项设备和设施的配置。

③料场的分期用地计划(包括用地数量和使用时间)。

(3)料场规划应遵循下列原则:

①料场可开采量(自然方)与坝体填筑量的比值:堆石料为1.1~1.4;砂砾石料,水上为1.5~2.0,水下为2.0~2.5。

②爆破工作面规划应与料场道路规划结合进行,并应满足不同施工时段填筑强度需要。

③主堆石坝料的开采,宜选择运距较短、储量较大和便于高强度开采的料场,以保证坝体填筑的高峰用量。

④充分利用枢纽建筑物的开挖料。开挖时宜采用控制爆破方法,以获得满足设计级配要求的坝料,并做到"计划开挖、分类堆存"。

(4)开采。

承包人必须按监理人批准的料场开采范围和开采方法进行开采;土料开采应采用立采(或平采)的开采方法;石料应采用台阶法钻孔爆破分层开采的施工方法。

土料的开采应注意以下问题:

①风化料开采过程中,应使表层坡残积土与其下层的土状和碎块状全风化岩石均匀混合,并使风化岩块通过开采过程得到初步破碎。

②除专为心墙、斜墙的基础接触带开采的纯黏土外,在风化土料开采过程中,不应将土料和风化岩石分别堆放。

③用于坝体反滤层、垫层、过渡层、混凝土和灌浆工程中的砂砾料,应按不同使用要求,进行开挖、筛分、冲洗和分类堆存。

石料开采时应注意以下问题:

①石料开采前,应按批准的料场开采规划和作业措施,进行表土和作业措施,进行表土和覆盖层的剥离至可用石层为止。剥离表层的有机土壤和废土应按规定运往指定地点堆放。

②在开采过程中,遇有比较集中的软弱带时,应按监理人的指示予以清除,严禁在可

利用料内混杂废渣料。可利用料和废渣料均应分别运至指定的存料场堆放。

③开采出的石料,颗粒级配必须符合施工图和技术条款的要求,超径部分应进行二次破碎处理。

④堆料场的石料应分层存放,分层取用,严防颗粒分离。如已发生分离现象,承包人应重新将其混合均匀,且不得向发包人另行要求增加费用。

(5)制备和加工。

承包人应按批准的施工措施以及现场生产性试验确定的参数进行坝料制备和加工。

(6)运输。

①土料运输应与料场开采、装料和坝面卸料、铺料等工序持续和连贯进行,以免周转过多而导致含水量的过大变化。

②反滤料运输及卸料过程中,承包人应采取措施防止颗粒分离。运输过程中反滤料应保持湿润,卸料高度应加以限制。

③监理认为不合格的土料、反滤料(含垫层料、过渡料)或堆石料,一律不得上坝。

(7)填筑材料质量检查。

料场质量控制应按设计要求与本规范有关规定进行,主要内容包括:

①是否在规定的料区范围内开采,是否已将草皮、覆盖层等清除干净。

②开采、坝料加工方法是否符合有关规定。

③排水系统、防雨措施、负温下施工措施是否完善。

④坝料性质、含水量(指黏性土料、砾质土)是否符合规定。

设计应对各种填筑材料提出一些易于现场鉴别的控制指标与项目,具体见表 4-12。其每班试验次数可根据现场情况确定。试验方法应以目测、手试为主,并取一定数量的代表样进行试验。

表 4-12　填筑材料控制指标

坝料类别	控制项目与指标
黏性土	含水量上、下限值
	黏粒含量下限值
砾质土	允许最大粒径
	含水量上、下限值;砾石含量上、下限值
反滤料	级配;含泥量上限值;风化软弱颗粒含量
过渡料	允许最大粒径;含泥量
坝壳砾质土	小于 5 mm 含量的上、下限值;含水量的上、下限值
坝壳砂砾料	含泥量及砾石含量
堆石	允许最大块径;小于 5 mm 粒径含量;风化软弱颗粒含量

(三)填筑

施工过程中承包人应会同监理人定期进行以下各项目的检查。

1. 土料填筑

在施工过程中,进行土料填筑时,主要检验和检查项目如下:

(1)土料铺筑,含水率适中,无不合格土,铺土均匀,铺土厚度满足设计要求,表面平整,无土块,无粗料集中,铺料边线整齐。

(2)上、下层铺土之间结合处理,砂砾及其他杂物清除干净,表面刨毛,保持湿润。

(3)土料碾压,无漏压、欠压,表面平整,无弹簧土、起皮、脱空或剪力破坏现象,压实指标满足设计干密度的要求。

(4)接合面处理,进行削坡、湿润、刨毛处理,搭接无界。

2. 堆石体填筑

进行堆石体填筑时,主要检验和检查项目如下:

(1)填筑材料符合施工规范和设计要求。

(2)每层填筑应在前一填筑层验收合格后才能进行。

(3)按选定的碾压参数进行施工;铺筑厚度不得超厚、超径;含泥量、洒水量符合规范和设计要求。

(4)材料的纵横向结合部位符合施工规范和设计要求;与岸坡结合处的料物不得分离、架空,对边角加强压实。

(5)填筑层铺料厚度、压实后的厚度满足要求(每层应有大于或等于90%或95%的测点达到规定的铺料厚度)。

(6)堆石填筑层面基本平整,分区能基本均衡上升,大粒径料无较大面积的集中现象。

(7)分层压实的干密度合格率满足要求(检测点的合格率大于或等于90%或95%,不合格值不得小于设计干密度的0.98)。

思考题

1. 施工阶段质量控制的依据有哪些?

2. 施工阶段质量控制的方法有哪些?

3. 简述合同项目质量控制程序。

4. 分别简述合同项目和单位工程开工条件审查的主要内容。

5. 试述原材料质量控制的工作流程。

6. 监理人应该怎样控制工程设备的质量?

7. 什么叫质量控制点? 如何区分见证点和待检点?

第五章 工程质量评定、验收和
保修期质量控制

第一节 工程质量评定

工程质量评定是将质量检验结果与国家和行业相关标准、工程适用的相关标准以及合同约定的质量标准所进行的比较活动。为了提高水利水电工程的施工质量水平,保证工程质量符合设计和合同条款的规定,同时也是为了衡量施工单位的施工质量水平,全面评价工程的施工质量,对水利水电工程进行评优和创优工作,在工程交工和正式验收前,应按照合同要求和国家有关的工程质量评定标准和规定,对工程质量进行评定,以鉴定工程是否达到合同要求,能否进行验收,以及作为评优的依据。

一、工程质量评定依据

(1)相关行业标准。

为加强水利工程质量管理,开展质量评定和评优工作,贯彻落实有关规程、规范和技术标准,提高水利水电建设工程质量,制定了相应的评定标准。表 5-1 列举了水利行业《水利水电单元工程施工质量验收评定标准》系列标准。

表 5-1 水利水电单元工程施工质量验收评定标准

标准号	水利水电单元工程施工质量 验收评定标准 标准名称	说明
SL 631—2012	水利水电单元工程施工质量验收评定 标准 土石方工程	全部代替标准 SDJ 249.1—1988;SL 38—1992
SL 632—2012	水利水电单元工程施工质量验收评定 标准 混凝土工程	全部代替标准 SDJ 249.1—1988;SL 38—1992
SL 633—2012	水利水电单元工程施工质量验收评定 标准 地基处理与基础工程	全部代替标准 SDJ 249.1—1988
SL 634—2012	水利水电单元工程施工质量验收评定 标准 堤防工程	全部代替标准 SD 239—1999
SL 635—2012	水利水电单元工程施工质量验收评定 标准 水工金属结构安装工程	全部代替标准 SDJ 249.2—1988
SL 636—2012	水利水电单元工程施工质量验收评定 标准 水轮发电机组安装工程	全部代替标准 SDJ 249.3—1988
SL 637—2012	水利水电单元工程施工质量验收评定 标准 水利机械辅助设备系统安装工程	全部代替标准 SDJ 249.4—1988

续表 5-1

标准号	水利水电单元工程施工质量验收评定标准　标准名称	说明
SL 638—2013	水利水电单元工程施工质量验收评定标准 发电电气设备安装工程	全部代替标准 SDJ 249.5—1988
SL 639—2013	水利水电单元工程施工质量验收评定标准 升压变电电气设备安装工程	全部代替标准 SDJ 249.6—1988
SL 176—2007	水利水电工程施工质量检验与评定规程	全部代替标准 SL 176—1996

（2）经批准的设计文件、施工图、金属结构设计图样与技术条件、设计修改通知书、厂家提供的设备安装说明书及有关技术文件。

（3）工程承发包合同中采用的技术标准。

（4）工程试运行期的试验及观测分析成果。

二、项目划分

一个水利水电工程的建成，由施工准备工作开始到竣工交付使用，要经过若干工序、若干工种的配合施工。而工程质量的形成不仅取决于原材料、配件、产品的质量，同时也取决于各工种、工序的作业质量。因此，为了实现对工程全方位、全过程的质量控制和检验评定，按照工程的形成过程，考虑设计布局、施工布置等因素，将水利水电工程依次划为单位工程、分部工程和单元工程。单元工程是进行日常考核和质量评定的基本单位。

工程项目划分时，应按从大到小的顺序进行，这样有利于从宏观上进行项目评定的规划，不至于在分期实施过程中，从低到高评定时出现层次、级别和归类上的混乱。

水利水电工程项目划分和工程关键部位的确定，由建设（监理）单位组织设计及施工单位共同研究确定。经质量监督部门认可后实施。具体见附录1。

（一）单位工程划分

单位工程，指具有独立发挥作用或独立施工条件的建筑物。单位工程通常可以是一项独立的工程，也可以是独立工程的一部分，一般按设计及施工部署划分，应遵循如下原则：

（1）枢纽工程，以每座独立的建筑物为一个单位工程。工程规模大时，也可将一个建筑物中具有独立施工条件的一部分划为一个单位工程。如发电工程可以划分为：地面发电厂房、地下厂房、坝内式发电厂房。

（2）渠道工程，按渠道级别（干、支渠）或工程建设期、段划分，以一条干（支）渠或同一建设期、段的渠道工程为一个单位工程。大型渠道建筑物也可以每座独立的建筑物为一个单位工程。如进水闸、分水闸、隧洞。

（3）堤防工程，依据设计及施工部署，以堤身、堤岸防护、交叉联结建筑物分别列为单位工程。如堤身工程、堤岸防护工程等。

（二）分部工程划分

分部工程，指在一个建筑物内能组合发挥一种功能的建筑安装工程，是组成单位工程的各个部分。对单位工程安全、功能或效益起控制作用的分部工程称为主要分部工程。

由于现行的水利水电工程施工质量等级评定标准是以优良个数占总数的百分率计算的。分部工程的划分主要依据建筑物的组成特点及施工质量检验评定的需要来进行划分。分部工程划分是否恰当，对单位工程质量等级的评定影响很大。具体见附录1。

因此，分部工程的划分应遵循如下原则：

（1）枢纽工程的土建工程按设计的主要组成部分划分分部工程；金属结构、启闭机及机电设备安装工程根据《水利水电单元工程质量验收评定标准》（SL 635～SL 639）划分分部工程；渠道工程和堤防工程依据设计及施工部署划分分部工程。

（2）同一单位工程中，同类型的各个分部工程的工程量不宜相差太大，不同类型的各个分部工程投资不宜相差太大，工程量相差不超过50%。

（3）每个单位工程的分部工程数目不宜少于5个。

（三）单元工程划分

单元工程是分部工程中由几个工程施工完成的最小综合体，是日常考核工程质量的基本单位。对不同类型的工程，有各自单元工程的划分办法。

水利水电工程中的单元工程一般有3种类型：有工序的单元工程、不分工序的单元工程和由若干个桩（孔）组成的单元工程。如钢筋混凝土单元工程可以分为基础面或施工缝处理、模板、钢筋、止水伸缩缝安装、混凝土浇筑5个工序；岩石边坡开挖单元工程质量只有一个工序，分为保护层开挖、平均坡度、开挖坡面的检查等几个检查项目；若干个桩（孔）组成的单元工程主要指基础处理工程中的桩基和灌浆工程中的造孔灌浆工程。具体见附录2。

水利水电单元工程是依据设计结构、施工部署或质量考核要求，把建筑物划分为若干个层、块、段来确定单元工程。例如：

（1）岩石边坡开挖工程。按设计或施工检查验收的区、段划分，每一个区、段为一个单元工程。

（2）岩石地基开挖工程。按相应混凝土浇筑仓块划分，每一块为一个单元工程；两岸边坡地基开挖也可按施工检查验收区划分，每一验收区为一个单元工程。

（3）岩石洞室开挖工程。混凝土衬砌部位按设计分缝确定的块划分；锚喷支护部位按一次锚喷区划分；不衬砌部位可按施工检查验收段划分，每一块、区、段为一个单元工程。

（4）软基和岸坡开挖工程。按施工检查验收区、段划分，每一区、段为一个单元工程。

（5）混凝土工程。按混凝土浇筑仓号划分，每一仓号为一个单元工程。

（6）钢筋混凝土预制构件安装工程。按施工检查质量评定的根、套、组划分，每一根、套、组预制构件安装为一个单元工程。

（7）混凝土坝接缝和回填水泥灌浆工程。按设计或施工确定的灌浆区、段划分，每一灌浆区、段为一个单元工程。

（8）岩石地基水泥灌浆工程。帷幕灌浆以同序相邻的10～20孔为一个单元工程；固结灌浆按混凝土浇筑块、段划分,每一块、段的固结灌浆为一个单元工程。

(9)基础排水工程。按施工质量考核要求划分的基础排水区确定,每一区为一个单元工程。

(10)锚喷支护工程。按一次锚喷支护施工区、段划分,每一区、段为一个单元工程。

(11)振冲地基加固工程。按独立建筑物地基或同一建筑物地基范围内不同振冲要求的区划分,每一独立建筑物地基或不同要求区的振冲工程为一个单元工程。

(12)混凝土防渗墙工程。每一槽孔为一个单元工程。

(13)造孔灌注桩基础工程。按柱(墩)基础划分,每一柱(墩)下的灌注桩基础为一个单元工程。

(14)河道疏浚工程。按设计或施工控制质量要求的段划分,每一疏浚河段为一个单元工程。

(15)堤防工程。对不同的堤防工程按不同的原则划分单元工程。如土方填筑按层、段划分;吹填工程按围堰仓、段划分;防护工程按施工段划分等。

不要将单元工程与国标中的分项工程相混淆。国标中的分项工程完成后不一定形成工程实物量,或者形成未就位安装零部件及结构件,如模板分项工程,钢筋焊接、钢筋绑扎分项工程、钢结构件焊接制作分项工程等。

三、工程质量评定

质量评定时,应从低层到高层的顺序依次进行,这样可以从微观上按照施工工序和有关规定,在施工过程中把好质量关,由低层到高层逐级进行工程质量控制和质量检验。其评定的顺序是:单元工程、分部工程、单位工程、工程项目。

(一) 单元工程质量评定标准

单元工程质量分为合格和优良两个等级。单元工程质量等级标准是进行工程质量等级评定的基本尺度。由于工程类别不一样,单元工程质量评定标准的内容、项目的名称和合格率标准等也不一样。

土建工程、金属结构工程和机电设备安装工程的质量检查内容分为主要检查项目、检测项目和其他检查项目、其他检测项目;堤防工程质量检查内容分为保证项目、基本项目和允许偏差项目。

1. 土建工程

合格:主要检查项目、检测项目全部符合要求,其他检查项目基本符合要求,其他检测项目70%及其以上符合要求。

优良:主要检查项目、检测项目全部符合要求,其他检查项目符合要求,其他检测项目90%及其以上符合要求。

2. 金属结构工程

合格:主要检查项目、检测项目全部符合要求。其他检查项目符合要求,其他检测项目80%及其以上符合要求。

优良:主要检查项目、检测项目全部符合要求,其他检查项目符合要求,其他检测项目95%及其以上符合要求。

3.机电设备安装工程

各检查项目全部符合质量标准,实测点的偏差符合规定,评为合格;重要检测点的偏差小于规定,评为优良。

4.堤防工程

合格:保证项目符合相应的质量标准;基本项目符合相应合格的标准;允许偏差项目每项应有不小于70%测点在相应允许偏差质量标准范围内。

优良:保证项目符合相应的质量标准;基本项目必须有不小于50%达到优良质量标准,其余达到合格(或优良);允许偏差项目每项有不小于90%测点在相应的允许偏差质量标准范围内。

保证项目是指关系到结构或构造的安全和使用功能的关键环节。保证项目是必须达到的指标内容,是保证工程安全和使用功能的重要检验项目。检验标准中采用"必须"或"严禁"等词表示,以突出其重要性。保证项目不仅要达到合格,还要达到优良的标准要求。如:基底或前一单元必须符合设计或规范要求的质量标准;原材料都必须符合质量标准。

基本项目是保证工程安全或使用性能的基本要求。检验标准中采用"应"或"不应"表示。其指标分为"合格"和"优良"两个等级,并给出量的规定。虽不像保证项目那么重要,但是也会对使用安全、使用性能和外观产生很大影响,允许有一定的偏差和缺陷,是评定单元工程优良质量等级的条件之一。如对不能确定偏差值而又允许出现一定缺陷的项目。

允许偏差项目是单元工程质量检验中,规定有允许偏差范围的项目。检验时允许有少量检查点的测量值略超过允许偏差的范围,并以其所占比例作为单元工程优良和合格等级的条件之一。单元工程(或工序)质量达不到合格规定时,必须及时处理。其质量等级按下列规定确定:①全部返工重做的,可重新评定质量等级。②经加固补强并经鉴定能达到设计要求,其质量只能评为合格。③经鉴定达不到设计要求,但建设(监理)单位认为能基本满足安全和使用功能要求的,可不加固补强;或经加固补强后,改变外形尺寸或造成永久性缺陷的,经建设(监理)单位认为基本满足设计要求,其质量可按合格处理。

"基本符合要求"解释:虽与标准略有出入,但不影响安全运行和设计效益。

(二)水利水电工程项目优良品率的计算

1.分部工程的单元工程优良品率

$$分部工程的单元工程优良品率 = \frac{单元工程优良个数}{单元工程总数} \times 100\% \tag{5-1}$$

2.单位工程的分部工程优良品率

$$单位工程的分部工程优良品率 = \frac{分部工程优良个数}{分部工程总数} \times 100\% \tag{5-2}$$

3.水利工程项目的单位工程优良品率

$$水利工程项目的单位工程优良品率 = \frac{单位工程优良个数}{单位工程总数} \times 100\% \tag{5-3}$$

(三)单位工程外观质量评定

外观质量评定工作是在单位工程完成后,由项目法人(建设单位)组织、质量监督机构主持,项目法人(建设单位)与监理、设计、施工及管理运行等单位组成外观质量评定组,进行现场检验评定。参加外观质量评定组的人员,必须具有工程师及以上技术职称。评定组人数不少于 5 人,大型工程不应少于 7 人。对于水工建筑物,单位工程外观质量如表 5-2、表 5-3 所示。

表 5-2　水工建筑物外观质量评定表

单位工程名称			施工单位			
主要工程量			评定日期		年　月　日	
项次	项目	标准分	评定得分/分				说明
			一级 100%	二级 90%	三级 70%	四级 0	
1	建筑物外部尺寸	12					
2	轮廓线顺直	10					
3	表面平整度	10					
4	立面垂直度	10					
5	大角方正	5					
6	曲面与平面联结平顺	9					
7	扭面与平面联结平顺	9					
8	马道及排水沟	3 (4)					
9	梯步	2 (3)					
10	栏杆	2 (3)					
11	扶梯	2					
12	闸坝灯饰	2					
13	混凝土表面无缺陷	10					
14	表面钢筋割除	2 (4)					
15	砌体 宽度均匀、平整	4					
16	勾缝 竖、横缝平直	4					
17	浆砌卵石露头均匀、整齐	8					
18	变形缝	3 (4)					
19	启闭平台梁、柱、排架	5					
20	建筑物表面清洁、 无附着物	10					
21	升压变电工程围墙 (栏栅)	5					
22	水工金属结构外表面	6 (7)					
23	电站盘柜	7					

续表5-2

单位工程名称			施工单位			
主要工程量			评定日期		年　月　日	
项次	项目	标准分	评定得分/分			说明
			一级 100%	二级 90%	三级 70%	四级 0
24	电缆线路敷设	4 (5)				
25	电站油、气、水管路	3 (4)				
26	厂区道路及排水沟	4				
27	厂区绿化	8				
合计			应得　　分,实得　　分,得分率　　%			

施工单位	设计单位	监理单位	项目法人(建设单位)	质量监督机构
年　月　日	年　月　日	年　月　日	年　月　日	年　月　日

（1）确定检测数量。全面检查后抽测25%,且各项不少于10点。

（2）评定等级标准。测点中符合质量标准的点数占总测点数的百分率为100%,评为一级。合格率为90%~99.9%时,评为二级。合格率为70%~89.9%时,评为三级。合格率小于70%时,评为四级。每项评分得分按下式计算:

$$各项评定得分=该项标准分×该项得分百分率 \tag{5-4}$$

（3）表中第13项混凝土表面缺陷指混凝土表面的蜂窝、麻面、挂帘、裙边、小于3 cm的错台、局部凸凹表面裂缝等。如无上述缺陷,该项得分率为100%;缺陷面积超过总面积5%者,该项得分为0。

（4）带括号的标准分为工作量大时的标准分。

表5-3　水工建筑物外观质量评定表(例表)

单位工程名称		泄水闸工程	施工单位		中国水利水电第×工程局	
主要工程量		混凝土25 600 m³	评定日期		××××年××月××日	
项次	项目	标准分/ 分	评定得分/分			说明
			一级 100%	二级 90%	三级 70%	四级 0
1	建筑物外部尺寸	12		10.8		
2	轮廓线顺直	10	10.0			
3	表面平整度	10		9.0		
4	立面垂直度	10		9.0		
5	大角方正	5			3.5	
6	曲面与平面联结平顺	9		8.1		

续表 5-3

单位工程名称			泄水闸工程		施工单位		中国水利水电第×工程局		
主要工程量			混凝土 25 600 m³		评定日期		××××年××月××日		
项次	项目		标准分	评定得分/分					说明
				一级 100%	二级 90%	三级 70%	四级 0		
7	扭面与平面联结平顺		9	9.0					
8	马道及排水沟		3(4)	—					
9	梯步		2(3)	2.0					
10	栏杆		2(3)			1.4			
11	扶梯		2		1.8				
12	闸坝灯饰		2		1.8				
13	混凝土表面无缺陷		10			7.0			
14	表面钢筋割除		2(4)		1.8				
15	砌体勾缝	宽度均匀、平整	4		3.6				
16		竖、横缝平直	4		3.6				
17	浆砌卵石露头均匀、整齐		8	—					
18	变形缝		3(4)			2.1			
19	启闭平台梁、柱、排架		5		4.5				
20	建筑物表面清洁、无附着物		10		9.0				
21	升压变电工程围墙(栏栅)		5	—					
22	水工金属结构外表面		—6—(7)		6.3				
23	电站盘柜		7	—					
24	电缆线路敷设		4(5)	—					
25	电站油、气、水管路		3(4)	—					
26	厂区道路及排水沟		4	—					
27	厂区绿化		8	—					
合计			应得 118 分,实得 104.3 分,得分率 88.4%						

施工单位	设计单位	监理单位	项目法人(建设单位)	质量监督机构
×××	××××	×××	×××	×××
××××年××月××日	××××年××月××日	××××年××月××日	××年××月××日	××××年××月××日

(四)分部工程质量评定等级标准(见附录3)

合格标准:①单元工程质量全部合格;②中间产品质量及原材料质量全部合格,金属结构及启闭机制造质量合格,机电产品质量合格。

优良标准:①单元工程质量全部合格,其中有50%以上达到优良,主要单元工程、重要隐蔽工程及关键部位的单元工程质量优良,且未发生过质量事故;②中间产品质量全部合格,其中混凝土拌和物质量达到优良,原材料质量、金属结构及启闭机制造质量合格,机电产品质量合格。

重要隐蔽工程,指主要建筑物的地基开挖、地下洞室开挖、地基防渗、加固处理和排水工程等。

工程关键部位,指对工程安全或效益有显著影响的部位。

中间产品,指需要经过加工生产的土建类工程的原材料及半成品。

(五)单位工程质量评定标准(见附录4)

合格标准:①分部工程质量全部合格;②中间产品质量及原材料质量全部合格,金属结构及启闭机制造质量合格,机电产品质量合格;③外观质量得分率达到70%以上;④施工质量检验资料基本齐全。

优良标准:①分部工程质量全部合格,其中有50%以上达到优良,主要分部工程质量优良,且施工中未发生过重大质量事故;②中间产品质量全部合格,其中混凝土拌和物质量达到优良,原材料质量、金属结构及启闭机制造质量合格,机电产品质量合格;③外观质量得分率达到85%以上;④施工质量检验资料齐全。

外观质量得分率,指单位工程外观质量实际得分占应得分数的百分数。

(六)工程项目质量评定标准(见附录5)

合格标准:单位工程质量全部合格。

优良标准:单位工程质量全部合格,其中有50%以上的单位工程优良,且主要建筑物单位工程为优良。

(七)质量评定工作的组织与管理

(1)单元工程质量由施工单位质检部门组织评定,建设(监理)单位复核。

(2)重要隐蔽工程及工程关键部位在施工单位自评合格后,由建设(监理)、质量监督、设计、施工单位组成联合小组,共同核定其质量等级。

(3)分部工程质量评定在施工单位质检部门自评的基础上,由建设(监理)单位复核,报质量监督机构审查核备。大型枢纽主体建筑物的分部工程质量等级,报质量监督机构审查核定。

(4)单位工程质量评定在施工单位自评的基础上,由建设(监理)单位复核,报质量监督机构核定。

(5)工程项目质量等级由该项目质量监督机构在单位工程质量评定基础上进行核定。

(6)质量监督机构应在工程竣工验收前提出工程质量评定报告,向工程竣工验收委员会提出工程质量等级的建议。

第二节　工程验收

一、工程验收意义和依据

工程验收是工程建设进入到某一阶段的程序,藉以全面考核该阶段工程是否符合批准的设计文件要求,以确定工程能否继续进行、进入到下一阶段施工或投入运行,并履行相关的签证和交接验收手续。

水利工程建设项目验收的依据是:国家有关法律、法规、规章和技术标准;有关主管部门的规定;经批准的工程立项文件、初步设计文件、调整概算文件;经批准的设计文件及相应的工程变更文件;施工图及主要设备技术说明书等。法人验收还应当以施工合同为验收依据。

通过工程验收工作可以检查工程是否按照批准的设计进行建设;检查已完工程在设计、施工、设备安装等方面的质量,并对验收遗留问题提出处理要求;检查工程是否具备运行或进行下一阶段建设的条件;总结工程建设中的经验教训,并对工程做出评价;及时移交工程,尽早发挥投资效益。

验收主持单位应当成立验收委员会(验收工作组)进行验收,验收结论应当经三分之二以上验收委员会(验收工作组)成员同意。验收委员会(验收工作组)成员应当在验收鉴定书上签字。验收委员会(验收工作组)成员对验收结论持有异议的,应当将保留意见在验收鉴定书上明确记载并签字。

验收中发现的问题,其处理原则由验收委员会(验收工作组)协商确定。主任委员(组长)对争议问题有裁决权。但是,半数以上验收委员会(验收工作组)成员不同意裁决意见的,法人验收应当报请验收监督管理机关决定,政府验收应当报请竣工验收主持单位决定。验收委员会(验收工作组)对工程验收不予通过的,应当明确不予通过的理由并提出整改意见。有关单位应当及时组织处理有关问题,完成整改,并按照程序重新申请验收。

二、工程验收

中央或者地方财政全部投资或者部分投资建设的大中型水利工程建设项目(含 1、2、3 级堤防工程❶)的验收,按验收主持单位性质不同分为法人验收和政府验收两类。

(一)法人验收

法人验收是指在项目建设过程中由项目法人组织进行的验收。法人验收是政府验收的基础。

工程建设完成分部工程、单位工程、单项合同工程,或者中间机组启动前,应当组织法

---

❶　)水利工程建设项目验收管理规定》2006 年 12 月 18 日水利部令第 30 号发布,根据 2014 年 8 月 19 日《水利部关于废止和修改部分规章的决定》第一次修正,根据 2016 年 8 月 1 日《水利部关于废止和修改部分规章的决定》第二次修正,根据 2017 年 12 月 22 日《水利部关于废止和修改部分规章的决定》第三次修正。

人验收。项目法人可以根据工程建设的需要增设法人验收的环节。

(1)项目法人应当在开工报告批准后60个工作日内,制订法人验收工作计划,报法人验收监督管理机关和竣工验收主持单位备案。

(2)施工单位在完成相应工程后,应当向项目法人提出验收申请。项目法人经检查认为建设项目具备相应的验收条件的,应当及时组织验收。

(3)法人验收由项目法人主持。验收工作组由项目法人、设计、施工、监理等单位的代表组成;必要时可以邀请工程运行管理单位等参建单位以外的代表及专家参加。项目法人可以委托监理单位主持分部工程验收,有关委托权限应当在监理合同或者委托书中明确。

(4)分部工程验收的质量结论应当报该项目的质量监督机构核备;未经核备的,项目法人不得组织下一阶段的验收。单位工程以及大型枢纽主要建筑物的分部工程验收的质量结论应当报该项目的质量监督机构核定;未经核定的,项目法人不得通过法人验收;核定不合格的,项目法人应当重新组织验收。质量监督机构应当自收到核定材料之日起20个工作日内完成核定。

(5)项目法人应当自法人验收通过之日起30个工作日内,制作法人验收鉴定书,发送参加验收单位并报送法人验收监督管理机关备案。法人验收鉴定书是政府验收的备查资料。单位工程投入使用验收和单项合同工程完工验收通过后,项目法人应当与施工单位办理工程的有关交接手续。

(6)当具备了下列3个条件时,承包人可以向发包人和监理人提出验收申请。

第一,承包人完成了合同范围的全部单位工程以及有关的工作项目(经监理人同意列入保修期内完成的尾工项目除外)。

第二,备齐了符合合同要求的完工资料:工程实施概况和大事记;已完工程移交清单(包括工程设备);永久工程竣工图;列入保修期继续施工的尾工工程项目清单;未完成的缺陷修复清单;施工期的观测资料;监理人指示应列入完工报告的各类施工文件、施工原始记录(含图片和录像资料)以及其他应补充的完工资料。

第三,按照监理人的要求编制了在保修期内实施的尾工工程项目清单和未修补的缺陷项目清单以及相应的施工措施计划。

(7)验收程序:

①承包人提交完工验收申请报告,并附完工资料。

②监理人收到承包人提交的完工验收申请报告后,审核其报告。

当监理人审核后发现工程尚有重大缺陷时,可拒绝或推迟进行完工验收,这时应在收到申请报告后14d内通知承包人,指出完工验收前应完成的工程缺陷修复和其他的工作内容和要求,并将申请报告退还,待承包人具备条件后重新提交申请报告。

当监理人审核后发现对上述报告和报告中所列的工作项目和工作内容持有异议时,应在收到申请报告后的14d内将意见通知承包人,承包人应在收到上述通知后的14d内重新提交修改后的完工验收申请报告,直到监理人满意。

③监理人审核报告后认为工程已具备完工验收条件时,应在收到申请报告后 28 d 内提请发包人进行工程完工验收。发包人应在收到完工验收申请报告后的 56 d 内签署工程移交证书,颁发给承包人。移交证书中应写明经监理人与发包人和承包人协商核定工程的实际完工日期。此日期也是工程保修期的开始日。

当监理人确认工程已具备了完工验收条件,但由于发包人的原因或发包人雇用的其他人的责任等非承包人原因使完工验收不能进行时,应由发包人或授权监理人进行初步验收,并签发临时移交证书。由此增加的费用由发包人承担。当正式完工验收发现工程不符合合同要求时,承包人有责任按监理人指示完成其缺陷修复工作,并承担修复费用。

若因发包人或监理人的原因不及时进行验收,或在验收后不颁发工程移交证书,则发包人应从承包人发出申请报告 56 d 后的次日起承担工程保管费用。

(二) 政府验收

政府验收是指由有关人民政府、水行政主管部门或者其他有关部门组织进行的验收,包括专项验收、阶段验收和竣工验收。

1. 专项验收

枢纽工程导(截)流、水库下闸蓄水等阶段验收前,涉及移民安置的,应当完成相应的移民安置专项验收。

工程竣工验收前,应当按照国家有关规定,进行环境保护、水土保持、移民安置以及工程档案等专项验收。经有关部门同意,专项验收可以与竣工验收一并进行。

专项验收主持单位依照国家有关规定执行。

项目法人应当自收到专项验收成果文件之日起 10 个工作日内,将专项验收成果文件报送竣工验收主持单位备案。专项验收成果文件是阶段验收或者竣工验收成果文件的组成部分。

2. 阶段验收

工程建设进入工程导(截)流、水库下闸蓄水、引(调)排水工程通水、首(末)台机组启动等关键阶段,应当组织进行阶段验收。

阶段验收的验收委员会由验收主持单位、该项目的质量监督机构和安全监督机构、运行管理单位的代表以及有关专家组成;必要时,应当邀请项目所在地的地方人民政府以及有关部门参加。工程参建单位是被验收单位,应当派代表参加阶段验收工作。

大型水利工程在进行阶段验收前,可以根据需要进行技术预验收,按有关竣工技术预验收的规定进行;水库下闸蓄水验收前,项目法人应当按照有关规定完成蓄水安全鉴定。

验收主持单位应当自阶段验收通过之日起 30 个工作日内,制作阶段验收鉴定书,发送参加验收的单位并报送竣工验收主持单位备案。阶段验收鉴定书是竣工验收的备查资料。

3. 竣工验收

竣工验收应当在工程建设项目全部完成并满足一定运行条件后 1 年内进行。不能按期进行竣工验收的，经竣工验收主持单位同意，可以适当延长期限，但最长不得超过 6 个月。逾期仍不能进行竣工验收的，项目法人应当向竣工验收主持单位作出专题报告。

竣工财务决算应当由竣工验收主持单位组织审查和审计。竣工财务决算审计通过 15 日后，方可进行竣工验收。

工程具备竣工验收条件的，项目法人应当提出竣工验收申请，经法人验收监督管理机关审查后报竣工验收主持单位。竣工验收主持单位应当自收到竣工验收申请之日起 20 个工作日内决定是否同意进行竣工验收。

竣工验收原则上按照经批准的初步设计所确定的标准和内容进行。项目有总体初步设计又有单项工程初步设计的，原则上按照总体初步设计的标准和内容进行，也可以先进行单项工程竣工验收，最后按照总体初步设计进行总体竣工验收。项目有总体可行性研究但没有总体初步设计而有单项工程初步设计的，原则上按照单项工程初步设计的标准和内容进行竣工验收。建设周期长或者因故无法继续实施的项目，对已完成的部分工程可以按单项工程或者分期进行竣工验收。

竣工验收分为竣工技术预验收和竣工验收两个阶段。

大型水利工程在竣工技术预验收前，项目法人应当按照有关规定对工程建设情况进行竣工验收技术鉴定。中型水利工程在竣工技术预验收前，竣工验收主持单位可以根据需要决定是否进行竣工验收技术鉴定。

竣工技术预验收由竣工验收主持单位以及有关专家组成的技术预验收专家组负责。工程参建单位的代表应当参加技术预验收，汇报并解答有关问题。

竣工验收的验收委员会由竣工验收主持单位、有关水行政主管部门和流域管理机构、有关地方人民政府和部门、该项目的质量监督机构和安全监督机构、工程运行管理单位的代表以及有关专家组成。工程投资方代表可以参加竣工验收委员会。

竣工验收主持单位可以根据竣工验收的需要，委托具有相应资质的工程质量检测机构对工程质量进行检测。

项目法人全面负责竣工验收前的各项准备工作，设计、施工、监理等工程参建单位应当做好有关验收准备和配合工作，派代表出席竣工验收会议，负责解答验收委员会提出的问题，并作为被验收单位在竣工验收鉴定书上签字。

竣工验收主持单位应当自竣工验收通过之日起 30 个工作日内，制作竣工验收鉴定书，并发送有关单位。竣工验收鉴定书是项目法人完成工程建设任务的凭据。

4. 验收遗留问题处理与工程移交

项目法人和其他有关单位应当按照竣工验收鉴定书的要求妥善处理竣工验收遗留问题和完成尾工。验收遗留问题处理完毕和尾工完成并通过验收后，项目法人应当将处理情况和验收成果报送竣工验收主持单位。

工程通过竣工验收，验收遗留问题处理完毕和尾工完成并通过验收的，竣工验收主持单位向项目法人颁发工程竣工证书。工程竣工证书格式由水利部统一制定。

项目法人与工程运行管理单位不同，工程竣工验收后，应当及时办理移交手续。工程移交后，项目法人以及其他参建单位应当按照法律法规的规定和合同约定，承担后续相关质量责任。项目法人已经撤销的，由撤销该项目法人的部门承接相关责任。

第三节　保修期的质量控制

一、保修期

建设工程实行质量保修制度。建设工程承包单位在向建设单位提交工程竣工验收报告时,应当向建设单位出具质量保修书。质量保修书中应当明确建设工程的保修范围、保修期限和保修责任等。工程保修期从通过单项合同工程完工验收之日算起,保修期限按合同约定执行。

在正常使用条件下,建设工程的最低保修期限为:

(1)基础设施工程、房屋建筑的地基基础工程和主体结构工程,为设计文件规定的该工程的合理使用年限。

(2)屋面防水工程、有防水要求的卫生间、房间和外墙面的防渗漏,为5年。

(3)供热与供冷系统,为2个采暖期、供冷期。

(4)电气管线、给排水管道、设备安装和装修工程,为2年。

其他项目的保修期限由发包方与承包方约定。建设工程的保修期,自竣工验收合格之日起计算。

在全部工程完工验收前,已经发包人提前验收的单位工程或部分工程,若未投入正常使用,其保修期亦按全部工程的完工日开始算起。若发包人提前验收的单位工程或部分工程在验收后即可投入正常使用,其保修期应从该单位工程或部分工程移交证书上写明的完工日算起,同一合同中的不同项目可有多个不同的保修期。

二、保修期承包人的质量责任

承包人应在保修期终止前,尽快完成监理人在交接证书上列明的、在规定之日要完成的工程内容。

在保修期间承包人的一般责任是:负责未移交的工程尾工施工和工程设备的安装,以及这些项目的日常照管和维护;负责移交证书中所列的缺陷项目的修补;负责新的缺陷和损坏,或者原修复缺陷(部件)又遭损坏的修复。上述施工、安装、维护和修补项目应逐一经监理人检验,直至检验合格。经查验确属施工中隐存的或其他由于承包人责任造成的缺陷或损坏,应由承包人承担修复费用;若经查验确属发包人使用不当或其他由发包人责任造成的缺陷和损坏,则应由发包人承担修复费用。

建设工程在保修范围和保修期内发生质量问题的,施工单位应当履行保修义务,并对造成的损失承担赔偿责任。

三、保修期监理人质量控制任务

监理人在保修期质量控制的任务包括下列3个方面。

(一)对工程质量状况分析检查

工程竣工验收后,监理人对竣工验收过程中发现的一些质量问题应分析归类,列成细目,并及时将有关内容通知施工承包商,限期加以解决。

工程试运行后,监理人应密切注意工程质量对工程运行的影响,并制订检查计划,有步骤地检查工程质量问题。在保修期终止以前的任何时候,如果工程出现了任何质量问题(缺陷、变形或不合格),监理人应书面通知承包商,并将其复印件报送发包人。

此时,承包人应在监理人指导下,对质量问题的原因进行调查。如果调查后证明,产生的缺陷、变形或不合格责任在承包人,则其调查费用应由承包人负担。若调查结果证明,质量问题不属于承包人,则监理人和承包人协商该调查费用的处理问题,业主承担的费用则加到合同价中去。对上述调查,监理人应同时负责监督。

(二)对工程质量问题责任进行鉴定

在保修期内,对工程出现的质量问题,监理工程师应认真查对设计图纸和竣工资料,根据下列几点分清责任。

(1)凡是承包人未按规范、规程、标准或合同和设计要求施工,造成的质量问题由承包人负责。

(2)凡是由于设计原因造成的质量问题,承包人不承担责任。

(3)凡因原材料和构件、配件质量不合格引起的质量问题,属于承包人采购,或由发包人采购,承包商不进行验收而用于工程的,由承包人承担责任;属于发包人采购,承包人提出异议,而发包人坚持使用的,承包人不承担责任。

(4)凡有出厂合格证,且是发包人负责采购的机电设备,承包人不承担责任。

(5)凡因使用单位(发包人)使用不善造成的质量问题,承包人不承担责任。

(6)凡因地震、洪水、台风、地区气候环境条件等自然灾害及客观原因造成的事故,承包人不承担责任。

在缺陷责任期内,不管谁承担质量责任,承包商均有义务负责修理。

(三)对修补缺陷的项目进行检查

保修期质量检查的目的是及时发现质量问题。质量责任鉴定的任何事分清责任,监理机构应督促承包人按计划完成尾工项目,协助发包人验收尾工项目,并为此办理付款签证。

明确修补缺陷的费用由谁支付。而更重要的是组织好有缺陷项目的修补、修复或重建工作。在这一过程中,监理工程师仍要像控制正常工程建设质量一样,抓好每一个环节的质量控制。例如,对修补用材料的质量控制,修补过程中工序的质量控制等,在修补、修复或重建工作结束后,仍要按照规范、规程、标准、合同和设计文件进行检查,确保修补、修复或重建的质量。

四、保修责任终止证书

保修期或保修延长期满,承包人提出保修期终止申请后,监理机构在检查承包人已经按照施工合同约定完成全部其应完成的工作,且经检验合格后,应及时办理工程项目保修期终止事宜。

工程的任何区段或永久工程的任何部分的竣工日期不同,各有关的保修期也不尽相同,不应根据其保修期分别签发保修责任终止证书,而只有在全部工程最后一个保修期终止后,才能签发保修期终止证书。

在整个工程保修期满后的 28 d 内,由发包人或授权监理人签署和颁发保修责任终止证书给承包人。若保修期满后还未修补,则须待承包人按监理人的要求完成缺陷修复工作后,再发保修责任终止证书。尽管颁发了保修责任终止证书,发包人和承包人均仍应对保修责任终止证书颁发前尚未履行的义务和责任负责。

思考题

1. 工程质量评定的依据有哪些?
2. 工程验收的依据有哪些? 进行工程验收的意义是什么?
3. 进行完工验收的条件是什么? 进行竣工验收的条件是什么?
4. 保修期承包人的质量责任是什么? 监理人的质量责任有哪些?

第六章　水利工程质量检测与检验

第一节　质量检测

加强水利工程质量检测管理,规范水利工程质量检测行为是保障水利工程质量的有效手段和重要途径。从事水利工程质量检测活动以及对水利工程质量检测实施监督管理,是《建设工程质量管理条例》《国务院对确需保留的行政审批项目设定行政许可的决定》的要求。

一、定义和要求

水利工程质量检测(简称质量检测),是指水利工程质量检测单位(简称检测单位)依据国家有关法律、法规和标准,对水利工程实体以及用于水利工程的原材料、中间产品、金属结构和机电设备等进行的检查、测量、试验或者度量,并将结果与有关标准、要求进行比较以确定工程质量是否合格所进行的活动。❶

检测单位应当按照本规定取得资质,并在资质等级许可的范围内承担质量检测业务。检测单位资质分为岩土工程、混凝土工程、金属结构、机械电气和量测共 5 个类别,每个类别分为甲级、乙级 2 个等级。检测单位资质等级标准由水利部另行制订并向社会公告。取得甲级资质的检测单位可以承担各等级水利工程的质量检测业务。大型水利工程(含一级堤防)主要建筑物❷以及水利工程质量与安全事故鉴定的质量检测业务,必须由具有甲级资质的检测单位承担。取得乙级资质的检测单位可以承担除大型水利工程(含一级堤防)主要建筑物外的其他各等级水利工程的质量检测业务。

从事水利工程质量检测的专业技术人员(简称检测人员),应当具备相应的质量检测知识和能力,并按照国家职业资格管理的规定取得从业资格证书。

二、检测单位资质管理

水利部负责审批检测单位甲级资质;省、自治区、直辖市人民政府水行政主管部门负责审批检测单位乙级资质。检测单位资质原则上采用集中审批方式,受理时间由审批机关提前 3 个月向社会公告。

检测单位应当向审批机关提交下列申请材料:

(1)《水利工程质量检测单位资质等级申请表》。

---

❶ 《水利工程质量检测管理规定》2008 年 11 月 3 日水利部令第 36 号发布,根据 2017 年 12 月 22 日《水利部关于废止和修改部分规章的决定》修正,根据 2019 年 5 月 10 日《水利部关于修改部分规章的决定》第二次修正。

❷ 大型水利工程(含一级堤防)主要建筑物是指失事以后将造成下游灾害或者严重影响工程功能和效益的建筑物,如堤坝、泄洪建筑物、输水建筑物、电站厂房和泵站等。

（2）计量认证资质证书和证书附表复印件。

（3）主要试验检测仪器、设备清单。

（4）主要负责人、技术负责人的职称证书复印件。

（5）管理制度及质量控制措施。

具有乙级资质的检测单位申请甲级资质的，还需提交近三年承担质量检测业务的业绩及相关证明材料。检测单位可以同时申请不同专业类别的资质。

审批机关收到检测单位的申请材料后，应当依法作出是否受理的决定，并向检测单位出具书面凭证；申请材料不齐全或者不符合法定形式的，应当在 5 d 内一次告知检测单位需要补正的全部内容。

审批机关应当在法定期限内作出批准或者不予批准的决定。听证、专家评审及公示所需时间不计算在法定期限内，行政机关应当将所需时间书面告知申请人。决定予以批准的，颁发《水利工程质量检测单位资质等级证书》（简称《资质等级证书》）；不予批准的，应当书面通知检测单位并说明理由。

审批机关在作出决定前，应当组织对申请材料进行评审，必要时可以组织专家进行现场评审，并将评审结果公示，公示时间不少于 7 d。

《资质等级证书》有效期为 3 年。有效期届满，需要延续的，检测单位应当在有效期届满 30 日前，向原审批机关提出申请。原审批机关应当在有效期届满前作出是否延续的决定。原审批机关应当重点核查检测单位仪器设备、检测人员、场所的变动情况，检测工作的开展情况以及质量保证体系的执行情况，必要时可以组织专家进行现场核查。

检测单位变更名称、地址、法定代表人、技术负责人的，应当自发生变更之日起 60 d 内到原审批机关办理资质等级证书变更手续。

检测单位发生分立的，应当按照本规定重新申请资质等级。

任何单位和个人不得涂改、倒卖、出租、出借或者以其他形式非法转让《资质等级证书》。

三、检测单位的质量保证

检测单位应当建立健全质量保证体系，采用先进、实用的检测设备和工艺，完善检测手段，提高检测人员的技术水平，确保质量检测工作的科学、准确和公正。

检测单位不得转包质量检测业务；未经委托方同意，不得分包质量检测业务。

检测单位应当按照国家和行业标准开展质量检测活动；没有国家和行业标准的，由检测单位提出方案，经委托方确认后实施。检测单位违反法律、法规和强制性标准，给他人造成损失的，应当依法承担赔偿责任。

质量检测试样的取样应当严格执行国家和行业标准以及有关规定。提供质量检测试样的单位和个人，应当对试样的真实性负责。

检测单位应当按照合同和有关标准及时、准确地向委托方提交质量检测报告并对质量检测报告负责。任何单位和个人不得明示或者暗示检测单位出具虚假质量检测报告，不得篡改或者伪造质量检测报告。

检测单位应当将存在工程安全问题、可能形成质量隐患或者影响工程正常运行的检测结果以及检测过程中发现的项目法人(建设单位)、勘测设计单位、施工单位、监理单位违反法律、法规和强制性标准的情况,及时报告委托方和具有管辖权的水行政主管部门或者流域管理机构。

检测单位应当建立档案管理制度。检测合同、委托单、原始记录、质量检测报告应当按年度统一编号,编号应当连续,不得随意抽撤、涂改。检测单位应当单独建立检测结果不合格项目台账。

检测人员应当按照法律、法规和标准开展质量检测工作,并对质量检测结果负责。

四、质量检测单位的监督

(一)监督部门和检查内容

县级以上人民政府水行政主管部门应当加强对检测单位及其质量检测活动的监督检查,主要检查下列内容:

(1)是否符合资质等级标准。

(2)是否有涂改、倒卖、出租、出借或者以其他形式非法转让《资质等级证书》的行为。

(3)是否存在转包、违规分包检测业务及租借、挂靠资质等违规行为。

(4)是否按照有关标准和规定进行检测。

(5)是否按照规定在质量检测报告上签字盖章,质量检测报告是否真实。

(6)仪器设备的运行、检定和校准情况。

(7)法律、法规规定的其他事项。

流域管理机构应当加强对所管辖的水利工程的质量检测活动的监督检查。

(二)监督检查措施

县级以上人民政府水行政主管部门和流域管理机构实施监督检查时,有权采取下列措施:

(1)要求检测单位或者委托方提供相关的文件和资料。

(2)进入检测单位的工作场地(包括施工现场)进行抽查。

(3)组织进行比对试验以验证检测单位的检测能力。

(4)发现有不符合国家有关法律、法规和标准的检测行为时,责令改正。

县级以上人民政府水行政主管部门和流域管理机构在监督检查中,可以根据需要对有关试样和检测资料采取抽样取证的方法;在证据可能灭失或者以后难以取得的情况下,经负责人批准,可以先行登记保存,并在 5 d 内作出处理,在此期间,当事人和其他有关人员不得销毁或者转移试样和检测资料。

五、法律责任

未取得相应的资质,擅自承担检测业务的,其检测报告无效,由县级以上人民政府水行政主管部门责令改正,可并处 1 万元以上 3 万元以下的罚款。

隐瞒有关情况或者提供虚假材料申请资质的,审批机关不予受理或者不予批准,并给予警告或者通报批评,2 年之内不得再次申请资质。

以欺骗、贿赂等不正当手段取得《资质等级证书》的,由审批机关予以撤销,3 年内不得再次申请,可并处 1 万元以上 3 万元以下的罚款;构成犯罪的,依法追究刑事责任。

检测单位违反本规定,有下列行为之一的,由县级以上人民政府水行政主管部门责令改正,有违法所得的,没收违法所得,可并处 1 万元以上 3 万元以下的罚款;构成犯罪的,依法追究刑事责任:

(1)超出资质等级范围从事检测活动的。

(2)涂改、倒卖、出租、出借或者以其他形式非法转让《资质等级证书》的。

(3)使用不符合条件的检测人员的。

(4)未按规定上报发现的违法违规行为和检测不合格事项的。

(5)未按规定在质量检测报告上签字盖章的。

(6)未按照国家和行业标准进行检测的。

(7)档案资料管理混乱,造成检测数据无法追溯的。

(8)转包、违规分包检测业务的。

检测单位伪造检测数据,出具虚假质量检测报告的,由县级以上人民政府水行政主管部门给予警告,并处 3 万元罚款;给他人造成损失的,依法承担赔偿责任;构成犯罪的,依法追究刑事责任。

委托方有下列行为之一的,由县级以上人民政府水行政主管部门责令改正,可并处 1 万元以上 3 万元以下的罚款:

(1)委托未取得相应资质的检测单位进行检测的。

(2)明示或暗示检测单位出具虚假检测报告,篡改或伪造检测报告的。

(3)送检试样弄虚作假的。

检测人员从事质量检测活动中,有下列行为之一的,由县级以上人民政府水行政主管部门责令改正,给予警告,可并处 1 千元以下罚款:

(1)不如实记录,随意取舍检测数据的。

(2)弄虚作假、伪造数据的。

(3)未执行法律、法规和强制性标准的。

县级以上人民政府水行政主管部门、流域管理机构及其工作人员,有下列行为之一的,由其上级行政机关或者监察机关责令改正;情节严重的,对直接负责的主管人员和其他直接责任人员依法给予行政处分;构成犯罪的,依法追究刑事责任:

(1)对符合法定条件的申请不予受理或者不在法定期限内批准的。

(2)对不符合法定条件的申请人签发《资质等级证书》的。

(3)利用职务上的便利,收受他人财物或者其他好处的。

(4)不依法履行监督管理职责,或者发现违法行为不予查处的。

第二节　质量检验

一、质量检验的含义

《质量管理体系 基础和术语》(GB/T 19000—2016/ISO 9000:2015)定义检验是对符

合要求规定的确定。通过观察和判断,适当结合测量、试验所进行的符合性评价。在检验过程中,可以将"符合性"理解为满足要求。质量检验活动主要包括以下几个方面:

(1)明确并掌握对检验对象的质量要求。即明确并掌握产品的技术标准,明确检验的项目和指标要求;明确抽样方案、检验方法及检验程序;明确产品合格判定原则等。

(2)测试。即用规定的手段按规定的方法在规定的环境条件下,测试产品的质量特性值。

(3)比较。即将测试所得的结果与质量要求相比较,确定其是否符合质量要求。

(4)评价。根据比较的结果,对产品质量的合格与否做出评价。

(5)处理。出具检验报告,反馈质量信息,对产品进行处理。具体讲就是:

①对合格的产品或产品批做出合格标记,填写检验报告,签发合格证,放行产品。

②对不合格的产品或产品批填写检验报告与有关单据,说明质量问题,提出处理意见,并在产品上做出不合格标记,根据不合格品管理规定予以隔离。

③将质量检验信息及时汇总分析,并反馈到有关部门,促使其改进质量。

施工过程中,施工承包人是否按照设计图纸、技术操作规程、质量标准的要求实施,将直接影响到工程产品的质量。为此,监理人和承包人必须进行各种检验,避免出现工程缺陷和不合格品。

二、质量检验的目的和作用

(一)质量检验的目的

质量检验的目的主要包括两个方面:一是决定工程产品(或原材料)的质量特性是否符合规定的要求;二是判断工序是否正常。具体施工阶段质量检验目的包括:

(1)判断工程产品、建筑原材料质量是否符合规定要求或设计标准。

(2)判定工序是否正常,测定工序能力,进而对工序实行质量控制。

(3)记录所取得的各种检验数据,以作为对检验对象评价和质量评定的依据。如通过对水电站水轮发电机组安装质量检验,得到检验数据,将其和质量评定等级标准比较,进而评定出机组安装质量的等级。

(4)评定质量检验人员(包括操作者自我检查)的工作准确性程度。

(5)对不符合质量要求的问题及时向施工承包人提出,并研究补救和处理措施。

(6)通过质量检验可以督促施工承包人提高质量,使之达到设计要求和既定标准。

(二)质量检验的作用

要保证和提高建设项目的施工质量,监理人除检查施工技术和组织措施外,还要采用质量检验的方法,来检查施工承包人的工作质量。工程质量检验作用为:

(1)质量检验是保证工程质量的重要工作内容。只有通过质量检验,才能得到工程产品的质量特征值,才有可能和质量标准相比较,进而得到合格与否的判断。

(2)质量检验为工程质量控制提供了数据,而这些数据正是施工工序质量控制的依据。

(3)通过对进场器材、外协件及建筑材料实行全面的质量检验,可保证这些器材和原质量,从而促使施工承包人使用合格的器材和建筑材料,避免因器材或建筑材料质量而导致建设项目质量事故的发生。

三、质量检验的必备条件

监理人对承包人实施有效的质量监理,是建立在开展质量检验基础上的。而进行质量检验必须具备一定的条件,否则会导致检验工作质量低下(如误判、漏检等现象),致使对施工承包人的质量监理成为一句空话。监理人质量检验必备条件一般包括以下几个方面。

(一)要具有一定的检验技术力量

监理人要根据工程实际需要配齐各类质量检验人员。在这些质量检验人员中,应配有一定比例的、具有一定理论水平和实践经验或经专业考核获取检验资格的骨干人员。

(二)要建立一套严密的科学管理制度

监理人为保证有条不紊地对施工承包人的施工质量进行检验,并保证质量检验工作的质量,以提供准确的质量信息,必须建立一套完整的管理制度。这些制度包括:质量检验人员岗位责任制、检验工程质量责任制、检验人员技术考核和培训、检验设备管理制度、检验资料管理制度、检验报告编写及管理等。

(三)要求施工承包人建立完善的质量检验制度和相应的机构

监理人的质量检验,是在施工承包人"三检"(初检、复检、终检)基础上进行的。施工承包人质量检验的制度、机构、手段和条件,不具备、不完善或"三检"不严,会使施工承包人自检的质量低下,相对地把施工承包人自检的工作转嫁到监理人身上,增加监理人质量监督的负担,最后使工程质量得不到保证。在施工承包人"三检"制度不健全或质量不高的情况下,监理人有权拒绝检查、验收和签证,直到"三检"工作符合要求。

(四)要配备符合标准并满足检验工作要求的检验手段

监理人只有配备了符合标准并满足检验工作要求的检验手段,才能直接、准确地获得第一手资料,切切实实做到对工程质量心中有数,进行有效的质量监理。

检验手段包括除去感觉性检验以外的其他检验所需要的一切量具、测具、工具、无损检测设备、理化试验设备等,如土工试验仪器、压力机等。

(五)要有适宜的检验条件

监理人质量检验工作的条件包括:

(1)进行质量检验的工作条件。如试验室、场地、作业面和保证安全的手段等。

(2)保证检验质量的技术条件。如照明、空气温度、湿度、防尘、防震等。

(3)质量检验评价条件。主要是指合同中写明的、进行质量检验和评价所依据的技术标准,包括两类:

第一类是现有的技术标准。如国家标准、行业标准及地方标准。

第二类是目前尚无确定、需要自定的技术标准。对于这种情况,监理人可首先要求施工承包人提出施工规范和检查验收标准,在报监理人审批同意后,即作为实施的标准。当监理人不熟悉这种技术标准的业务时,或对审批这种标准把握不大时,也可委托有关单位进行审查,或向有关单位或部门咨询后再审查。这类情况常见于新型水轮发电机组安装工程质量检验技术标准等。

四、质量检验计划

鉴于工程质量检验工作的分散性和复杂性,应明确检验人员工作内容、方法、评价标准和要求,保证质量检验工作的顺利进行,监理工程师应制订质量检验计划,内容包括:

(1)工程项目的名称(单位工程、分部工程)及检验的部位。

(2)检验项目名称。指检验哪些质量性能特征。

(3)检验方法。指是视觉检验、量测检验、无损检测,还是理化试验。

(4)检验依据。质量检验是依据技术标准、规程、合同、设计文件中的哪一款,或者是哪些具体评价标准。

(5)确定质量性能特征的重要性级别。

(6)检验程度。是免检、抽检还是全数检验。

(7)评价和判断合格与否的条件或标准。

(8)检验样本(样品)的抽样方法。

(9)检验程序。指检验工作开展的顺序或步骤。

(10)检验合格与否的处理意见。

(11)检验记录或检验报告的编号和格式。

五、质量检验种类

(一)按质量检验实施单位分类

按质量检验的实施单位来分,质量检验可分为以下 3 种形式。

1. 发包人/监理人的质量检验

发包人/监理人的质量检验是发包人/监理人在工程施工过程中以及工程完工时所进行的检验。这种检验是站在发包人的立场上,以满足合同要求为目的而进行的一种检验,它是对施工承包人的施工活动及工程质量实行监督、控制的一种形式。

监理机构的质量检验人员应具有一定的工程理论知识和施工实践经验,熟悉有关标准、规定和合同要求,认真按技术标准进行检验,做出独立、公正的评价。

监理机构进行质量检验的主要任务是:

(1)对工程质量进行检验,并记录检验数据。

(2)参与工程中所使用的新材料、新结构、新设备和新技术的检验和技术审定。

(3)对工程中所使用的重要材料进行检验和技术审定。

(4)参与质量事故的分析处理。

(5)校验施工承包人所用的检验设备和其检验方法。

2. 第三方质量检验

第三方质量检验,也称第三方质量监督检验。它是站在第三方公正立场,依据国家的技术标准、规程以及设计文件、质量监督条例等对工程质量及有关各方实行的质量监督检验,是强制性执行技术标准,是确保工程质量,确保国家和人民利益,维护生命财产安全的重要手段。

3. 施工承包人的质量检验

施工承包人的质量检验是施工承包人内部进行的质量检验,包括从原材料进货直至交工的全过程中的全部质量检验工作,它是发包人/监理人及政府第三方质量控制、监督检验的基础,是质量把关的关键。

施工单位在工程建设施工中必须健全质量保证体系,认真执行初检、复检和终检的施工质量"三检制",在施工中对工程质量进行全过程的控制。初检是搞好施工质量的基础,每道工序完成后,应由班组质检员填写初检记录,班组长复核签字。一道工序由几个班组连续施工时,要做好班组交接记录,由完成该道工序的最后一个班填写初检记录;复检是考核、评定施工班组工作质量的依据,要努力工作提高一次检查合格率,由施工队的质检员与施工技术人员一起搞好复检工作,并填表写复检意见;终检是保证工程质量的关键,必须由质检处和施工单位的专职质检员进行终检,对分工序施工的单元工程,如果上一道工序未经终检或终检不合格,不得进行下一道工序的施工。

施工承包人应建立检验制度,制订检验计划。质量检验用的检测器具应定期率定、校核;工地使用的衡器、量具也应定期鉴定、校准。对于从事关键工序操作和重要设备安装的工人,要经过严格的技术考核,达不到规定技术等级的不得顶岗操作。

通过严格执行上述有关施工承包人施工质量自检的规定,以加强施工企业内部的质量保证体系,推行全面质量管理。

(二)按检验内容和方式分类

按质量检验的内容及方式,质量检验可分为以下 5 种。

1. 施工预先检验

施工预先检验是指工程在正式施工前所进行的质量检验。这种检验是防止工程发生差错、造成缺陷和不合格品出现的有力措施。例如,监理人对原始基准点、基准线和参考标高的复核,对预埋件留设位置的检验;对预制构件安装中构件位置、型号、支承长度和标高的检验等。

2. 工序交接质量检验

工序交接质量检验主要指工序施工中或上道工序完工即将转入下道工序时所进行的质量检验,它是对工程质量实行控制,进而确保工程质量的一种重要检验,只有做到一环扣一环,环环不放松,整个施工过程的质量就能得到有力的保障;一般来说,它的工作量最大。其主要作用为:评价施工承包人的工序施工质量;防止质量问题积累或下流;检验施工技术措施、工艺方案及其实施的正确性;为工序能力研究和质量控制提供数据。因此,监理人应在承包人内部目检、互检的基础上进行工序质量交接检验,坚持上道工序不合格就不能转入下道工序的原则。例如,在混凝土浇筑之前,要对模板的安装、钢筋的架立绑扎等进行检查。

3. 原材料、中间产品和工程设备质量确认检验

原材料、中间产品和工程设备质量确认检验是指监理人根据合同规定及质量保证文件的要求,对所有用于工程项目的器材的可信性及合格性做出有根据的判断,从而决定其是否可以投用。原材料、中间产品和工程设备质量确认检验的主要目的是判定用于工程项目的原材料、中间产品和工程设备是否符合合同中规定的状态,同时,通过原材料、中间

产品和工程设备质量确认检验,能及时发现承包人质量检验工作中存在的问题,反馈质量信息。如对进场的原材料(砂、石、骨料、钢筋、水泥等)、中间产品(混凝土预制件、混凝土拌和物等)、工程设备(闸门、水轮机等)的质量检验。

4. 隐蔽工程验收检验

隐蔽工程验收检验是指将被其他工序施工所隐蔽的工序、分部工程,在隐蔽前所进行的验收检验。如基础施工前对地基质量的检验,混凝土浇筑前对钢筋、模板工程的质量检验,大型钢筋混凝土基础、结构浇筑前对钢筋、预埋件、预留孔、保护层、模内清理情况的检验等。实践证明,坚持隐蔽工程验收检验,是防止质量隐患、确保工程质量的重要措施。隐蔽工程验收检验后,要办理隐蔽工程检验签证手续,列入工程档案。施工承包人要认真处理监理人在隐蔽工程检验中发现的问题。处理完毕后,还需经监理人复核,并写明处理情况。未经检验或检验不合格的隐蔽工程,不能进行下道工序施工。

5. 完工验收检验

完工验收检验是指工程项目竣工验收前对工程质量水平所进行的质量检验。它是对工程产品的整体性能进行全方位的一种检验。监理人在施工承包人检验合格的基础上,对所有有关施工的质量技术资料(特别是重点部位)进行核查,并进行有关方面的试验。完工验收检验是进行正式完工验收的前提条件。

(三)按工程质量检验工作深度分类

按工程质量检验工作深度可将质量检验分为全数检验、抽样检验和免检3类。

1. 全数检验

全数检验也称普遍检验,是对工程产品逐个、逐项或逐段的全面检验。在建设项目施工中,全数检验主要用于关键工序及隐蔽工程的验收。

关键工序及隐蔽工程施工质量的好坏,将直接关系到工程的质量,有时会直接关系到工程的使用功能及效益。因此,发包人(监理人)有必要对隐蔽工程的关键工序进行全数检验。如在水库混凝土大坝的施工中,监理人在每仓混凝土开仓之前,应对每一仓位进行质量检验,即进行全数检验。

当监理人发现施工承包人某一工种施工工序能力差,或是第一次(初次)施工较为重要的施工项目(或内容),不采取全数检验不能保证工程质量时,均要采取全数检验。

遇到下列情况应采取全数检验:

(1)质量十分不稳定的工序。

(2)质量性能指标对工程项目的安全性、可靠性起决定性作用的项目。

(3)质量水平要求高,对下道工序有较大影响的项目(包括原材料、中间产品和工程设备)等。

2. 抽样检验

在施工过程中进行质量检验,由于工程产品(或原材料)的数量相当大,人们不得不进行抽样检验,即从工程产品(或原材料)中抽取少量样品(样组)进行仔细检验,借以判断工程产品或原材料批的质量情况。

抽样检验常用在下列几种情况:

(1)检验是破坏性的,如对钢筋的试验。

（2）检验的对象是连续体,如对混凝土拌和物的检验等。

（3）质量检验对象数量多,如对砂、石骨料的检验。

（4）对工序进行质量检验。

3. 免检

免检是指对符合规定条件的产品,在其免检有效期内,免于国家、省、市、县各级政府监管部门实施的常规性质量监督检查。企业要申请免检,除具备独立法人资格,能保证稳定生产外,执行的产品质量自定标准还必须达到或严于国家标准、行业标准的要求,此外其产品必须在省以上质监部门监督抽查中连续 3 次合格等。

为保证质量,质监部门对免检企业和免检产品实行严格的后续监管。国家质检总局会不定期对免检产品进行国家监督抽查,出现不合格的督促企业整改;严重不合格的,撤销免检资格。在免检期,免检企业还必须每年提供产品检验报告。免检企业到期,需重新申请的,质监部门还要再次核查免检产品质量是否持续符合免检要求,对不符合的,不再给予免检资格。

六、合同内和合同外质量检验

（一）合同内质量检验

合同内质量检验是指合同文件中作出明确规定的质量检验,包括工序、材料、设备、成品等的检验。监理人要求的任何合同内的质量检验,不论检验结果如何,监理人均不为此负任何责任。承包人应承担质量检验的有关费用。

（二）合同外质量检验

对于合同外质量检验,在《水利水电土建工程施工合同条件》(GF—2000—0208)和FIDIC 条款中规定是有区别的。

1.《水利水电土建工程施工合同条件》(GF—2000—0208)中的规定

合同外质量检验是指下列任何一种情况的检验:

（1）额外检验。若监理人要求承包人对某项材料和工程设备的检查和检验在合同中未作规定,监理人可以指示承包人增加额外检验,承包人应遵照执行,但应由发包人承担额外检验的费用和工程延误责任。

（2）重新检验。不论何种原因,若监理人对以往的检验结果有疑问时,可以指示承包人重新检验,承包人不得拒绝。若重新检验结果证明这些材料和工程设备不符合合同要求,则应由承包人承担重新检验的费用和工期延误责任;若重新检验结果证明这些材料和工程设备符合合同要求,则应由发包人承担重新检验的费用和工期延误责任。

2. FIDIC 条款中的规定

合同外质量检验是指下列任何一种情况的检验:

（1）合同中未曾指明或规定的检验。

（2）合同中虽已指明或规定,但监理工程师要求在现场以外其他任何地点进行的检验。

（3）要求在被检验的材料、工程设备的制造、装备或准备地点以外的任何地点进行的质量检验等。

合同外质量检验应分两种情况来区分责任。如果检验表明施工承包人的操作工艺、工程设备、材料没有按照合同规定使监理人满意,则其检验费用及由此带来的一切其他后果(如工期延误等)应由施工承包人负担。如果属于其他情况,则监理工程师应在与业主和施工承包人协商之后,使承包人有获得延长工期的权力,以及应在合同价格中增加有关费用。尽管监理工程师有权决定是否进行合同外质量检验,但应慎重。

第三节　抽样检验原理

一、抽样检验的基本概念

(一)抽样检验的定义

质量检验按检验数量通常分为全数检验、抽样检验和免检。全数检验是对每一件产品都进行检验,以判断其是否合格。全数检验常用在非破坏性检验,批量小、检查费用少或稍有一点缺陷就会带来巨大损失的场合等。但对很多产品来讲,全数检验是不可能且往往也是不必要的,在很多情况下常常采用抽样检验。

抽样检验是按数理统计的方法,利用从批或过程中随机抽取的样本,对批或过程的质量进行检验,如图 6-1 所示。

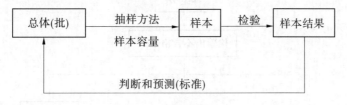

图 6-1　抽样检验原理

(二)抽样检验的分类

抽样检验按照不同的方式进行分类,可以分成不同的类型。

1. 按统计抽样检验的目的分类

(1)预防性抽样检验。这种检验是在生产过程中,通过对产品进行检验,来判断生产过程是否稳定和正常,这种主要是为了预测、控制工序(过程)质量而进行的检验。

(2)验收性抽样检验。是从一批产品中随机地抽取部分产品(称为样本),检验后根据样本质量的好坏,来判断这批产品的好坏,从而决定接收还是拒收。

(3)监督抽样检验。第三方和政府主管部门、行业主管部门如质量技术监督局的检验,主要是为了监督各生产部门。

2. 按单位产品的质量特征分类

(1)计数抽样检验。是指在判定一批产品是否合格时,只用到样本中不合格数目或缺陷数,而不管样本中各单位产品的特征的测定值是如何检验判断的。计件:用来表达某些属性的件数,如不合格品数;计点:一般适用产品外观,如混凝土的蜂窝、麻面数。

(2)计量抽样检验。是指定量地检验从批中随机抽取的样本,利用样品中各单位产品的特征值来判定这批产品是否合格的检验判断方法。

计数抽样检验与计量抽样检验的根本区别在于,前者是以样本中所含不合格品(或缺陷)个数为依据;后者是以样本中各单位产品的特征值为依据。

3. 按抽取样本的次数分类

(1)一次抽样检验。仅需从批中抽取一个大小为 n 的样本,便可判断该批接受与否。

(2)二次抽样检验。抽样可能要进行两次,对第一个样本检验后,可能有 3 种结果:接受,拒收,继续抽样。若得出"继续抽样"的结论,抽取第二个样本进行检验,最终做出接受还是拒收的判断。

在采用二次抽样检验时,需事先规定两组判定数,即第一次抽样检验时的合格判定数 c_1 和不合格判定数 r_1,以及第二次检验时的合格判定数 c_2,然后从批 N 中先抽取一个较小 n_1,并对 n_1 进行检验,确定 n_1 中的不合格品数 d_1。若 $d_1 \leqslant c_1$,则判定为批合格;若 $d_1 \geqslant r_1$,则判定为批不合格;若 $c_1 < d_1 < r_1$,则需抽取第二个样组 n_2,并对 n_2 进行检验,检验得样组中的不合格品数 d_2。若 $d_1 + d_2 > c_2$,则判定批为不合格;若 $d_1 + d_2 \leqslant c_2$,则判定批为合格,其检验程序如图 6-2 所示。

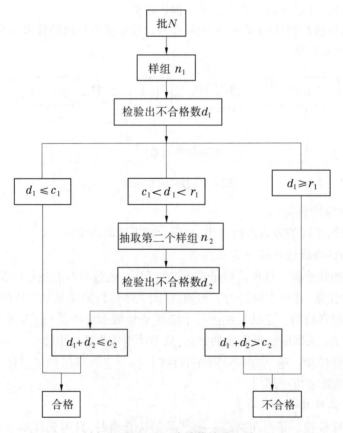

图 6-2　二次抽样检验

(3)多次抽样检验。可能需要抽取两个以上具有同等大小样本,最终才能对批做出接受与否判定。是否需要第 i 次抽样要根据前次($i-1$ 次)抽样结果而定。多次抽样检验操作复杂,需做专门训练。ISO 2859-10. 2006 提供了 7 次抽检方案,GB/T 2828. 1—2012 和 GB/T 2829—2002 实施了 5 次抽检方案。因此,通常采用一次或二次抽样方案。

(4)序贯抽样检验。事先不规定抽样次数,每次只抽一个单位产品,即样本量为 1,据累积不合格品数判定批合格/不合格还是继续抽样时适用。针对价格昂贵、件数少的产品可使用。

4. 按抽样方案的制订原理分类

(1)标准型抽样方案。该方案是为保护生产方利益,同时保护使用方利益,预先限制生产方风险 α 大小而制订的抽样方案。

(2)挑选型抽样方案。是指对经检验判为合格的批,只要替换样本中的不合格品;而对于经检验判为拒收的批,必须全检,并将所有不合格品全替换成合格品。即事先规定一个合格判定数 c,然后对样本按正常抽样检验方案进行检验,通过检验若样本中的不合格品数为 d,则当 $d \leqslant c$ 时,该批为合格;若 $d > c$,则对该批进行全数检验。这种抽样检验适用于不能选择供应厂家的产品(如工程材料、半成品等)检验及工序非破坏性检验。

(3)调整型抽样方案。该类方案由一组方案(正常方案、加严方案和放宽方案)和一套转移规则组成,根据过去的检验资料及时调整方案的宽严。该类方案适用于连续批产品。

例如:

$$1\sqrt{},2\sqrt{},3\times,4\sqrt{},5\times,\quad \underbrace{6\sqrt{},7\times,8\times,9\sqrt{},10\times,11\times,12\sqrt{},13\times,}_{\text{加严检验}}$$

$$暂停检验\underbrace{14\sqrt{},15\times,16\sqrt{},17\sqrt{},18\sqrt{},19\sqrt{},20\sqrt{},21\sqrt{}}_{\text{正常检验}\qquad\text{加严检验}}正常$$

其中,"√"代表是合格的批,"×"代表不合格的批。

(三)抽样方法

在进行抽取样本时,样本必须代表批,为了取样可靠,以随机抽样为原则,随机抽样不等于随便抽样,它是保证在抽取样本过程中,排除一切主观意向,使批中的每个单位产品都有同等被抽取机会的一种抽样方法。也就是说取样要能反映群体的各处情况,群体中个体的取样机会要均等。按以下方法执行,能大致符合随机抽样的精神。

1. 简单的随机抽样

就是从批中按照规定的样本量 n 抽取样本时,使批中含有 n 个单位产品所有可能的组合,都是同等的被抽取机会的一种抽样方法。主要有随机数表法、随机骰子法等。

1)随机数表法

利用随机数表抽样的方法如下:

(1)将要抽取样本的一批(N)工程产品从 1 到 N 顺序编号。

(2)确定随机数表的页码(表的编号)。掷六面体的骰子,骰子给出的数字即为采用的随机数表的编号[选用第几张(页)]随机数表。

(3)确定起始点数字的行数和列数。在表中任意指一处,所得的两位数即为行数(所得的两位数如为 50 以内的数,就直接取为行数。如大于 50,则用该数减去 50 后作为行数)。再用同样的方法可以确定列数(所得的两位数如为 25 以内的数,就直接取为列数;

如大于 25，则用该数减去 25 以后作为列数）。

（4）从所确定的该页随机数表上按上述行、列所列出的数字作为所选取的第一个样本的号码，依次从左到右选取 n 个小于批量 N 的数字，作为所选取的样本编号，一行结束后，从下一行开始继续选取。如所得数字超过批量 N，则应舍弃。

2）随机骰子法

随机骰子法是将要抽取样本的一批（N）工程产品从 1 到 N 顺序编号，然后用掷骰子法来确定取样号。所用骰子有正六面体和正二十面体两种。在一般工程施工中，采用正六面体骰子。

采用正六面体骰子抽样时，先根据批的数量将批分为六大组，每个大组再分为六个小组，每个小组中个体的数量不超过 6 个；为每个大组和每个小组中的个体都编上从 1~6 的号码；然后通过掷骰子来决定抽取哪一个个体作为样本，用第一次掷得的数字确定从编号该数字的大组中抽取样本，用第二次掷得的号码确定从选中大组的编号为第二次掷得数字的小组中抽取样本，用第三次掷得的号码确定从选中小组中抽取编号为该数字的个体作为样本。

2. 分层随机抽样

当批是由不同因素的个体组成时，为了使所抽取的样本更具有代表性，即样本中包含有各种因素的个体，则可采用分层随机抽样法。

分层随机抽样是将总体（批）分成若干层次，尽量使层内均匀，层与层之间不均匀，这些层中选取样本。通常可按下列因素进行分层：

（1）操作人员。按现场分、按班次分、按操作人员的经验分。

（2）机械设备。按使用的机械设备分。

（3）材料。按材料的品种分、按材料进货的批次分。

（4）加工方法。按加工方法、安装方法分。

（5）时间。按生产时间（上午、下午、夜间）分。

（6）按气象情况分。

分层随机抽样多用于工程施工的工序质量检验中，以及散装材料（如砂、石、水泥等）的验收检验中。

3. 两级随机抽样

当许多产品装在箱中，且许多货箱又堆积在一起构成批量时，可以首先作为第一级对若干箱进行随机抽样，然后把挑选出的箱作为第二级，再分别从箱中对产品进行随机抽样。

4. 系统随机抽样

当对总体实行随机抽样有困难时，如连续作业时取样、产品为连续体时取样，可采用一定间隔进行抽取的抽样方法称为系统抽样。例如：现要求测定港区路基的下沉值，由于路基是连续体，可采取每米或几米测定一点（或二点）的办法作抽样测定。系统抽样还适合流水生产线上的取样，但应注意，当产品质量特性发生变化时会产生较大偏差。然而抽取样本的个数依抽检方案而定。

(四)抽样检验中的两类风险

由于抽样检验的随机性,就像进行测量总会存在误差一样,在进行抽样检验中,也会存在下列两种错误判断(风险):

(1)第一类风险。本来是合格的交验批,有可能被错判为不合格批,这对生产方是不利的,这类风险也可称为承包商风险或第一类错误判断。其风险大小用 α 表示。

(2)第二类风险。将本来不合格的交验批,有可能错判为合格批,将对使用方产生不利。第二类风险又称用户风险或第二类错误判断。其风险大小用 β 表示。

二、计数型抽样检验

(一)计数型抽样检验中的几个基本概念

1. 一次抽样方案

一次抽样方案,抽样方案是一组特定的规则,用于对批进行检验、判定。它包括样本量 n 和判定数 c,如图 6-3 所示。

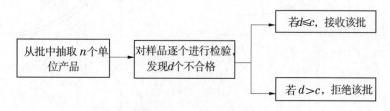

图 6-3　一次抽样方案

2. 接收概率

接收概率,是根据规定的抽样检验方案将检验批判为合格而接收的概率。一个既定方案的接收概率是产品质量水平,即批不合格品率 p 的函数,用 $L(p)$ 表示。

检验批的不合格品率 p 越小,接收概率 $L(p)$ 就越大。对方案(n,c),若实际检验中,样本的不合格品数为 d,其接收概率计算公式为

$$L(p) = P(d \leq c)$$

式中:$P(d \leq c)$ 为样本中不合格品数为 $d \leq c$ 时的概率;其中批不合格品率 p 是指批中不合格品数占整个批量的百分比。

批不合格百分率是衡量一批产品质量水平的重要指标,即

$$p = \frac{D}{N} \times 100\%$$

式中:D 为样本中不合格品数;N 为批量数。

3. 接收上界 p_0 和拒收下界 p_1

接收上界 p_0,在抽样检查中认为可以接收的连续提交检查批的过程平均上限值,称为合格质量水平。设交验批的不合格率为 p,当 $p \leq p_0$ 时,交验批为合格批,可接收。

拒收下界 p_1,在抽样检查中认为不可接收的批质量下限值,称为不合格质量水平。设交验批的不合格率为 p,当 $p \geq p_1$ 时,交验批为不合格批,应拒收。

4. OC 曲线

1) OC 曲线的概念

对于既定的抽样方案,这批产品的接收概率 $L(p)$ 是批不合格率 p 的函数,如图 6-4 所示。

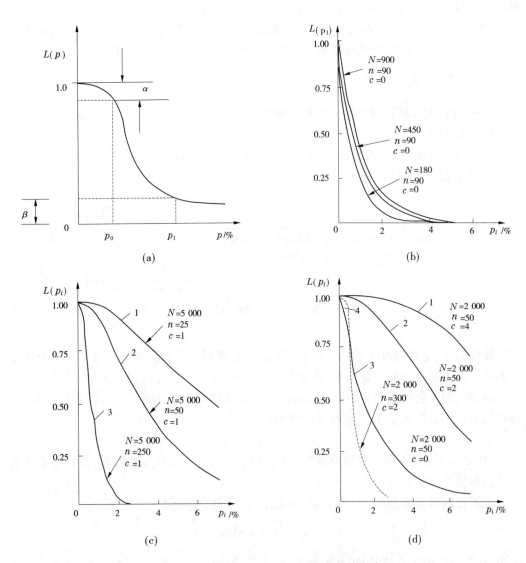

图 6-4 OC 曲线以及 N、n、c 对 OC 曲线的影响

每个抽样方案都有特定的 OC 曲线,OC 曲线 $L(p)$ 是随批质量 P 变化的曲线。形象地表示一个抽样方案对一个产品批质量的判别能力。

特点为:

(1) $0 \leqslant p \leqslant 1$, $0 \leqslant L(p) \leqslant 1$。

(2) 曲线总是单调下降。

(3) 抽样方案越严格,曲线越往下移。

固定c时,n越大,曲线下降方案越严格;固定n时,c越小,曲线下降,方案越严格。所以,当N增加,n、c不变时,OC曲线会趋向平缓,使用方风险增加。而当N不变,n增加或c减少时,OC曲线会急剧下降,生产方风险增加。

因此,人们在实践中可以采取以下措施:在稳定的生产状态下,可以增大产品的批量,相对降低检验费用,而抽样检验的风险则几乎不变。

2)OC曲线的用途

(1)曲线是选择和评价抽样方案的重要工具。

由于OC曲线能形象地反映出抽样方案的特征,在选择抽样方案过程中,可以通过多个方案OC曲线的分析对比,择优使用。

(2)估计抽样检验的预期效果。

通过OC曲线上的点可以估计连续提交批的过程平均不合格率和它的接收概率。

(二)计数型抽样检验方案的设计思想

一个合理的抽样方案,不可能要求它保证所接收的产品100%是合格品,但要求它对于不合格率达到规定标准的批以高概率接收;而对于合格率比规定标准差的批以高概率拒收。

计数型抽样检验方案设计是基于这样的思想,为了同时保障生产方和顾客利益,预先限制两类风险α和β前提下制订的,所以制订抽样方案时要同时满足:

(1)$p \leq p_0$时,$L(p) \geq 1-\alpha$,也就是当样本抽样合格时,接收概率应该保证大于$1-\alpha$。

(2)$p \geq p_1$时,$L(p) \leq \beta$,即当样本抽样不合格时,接收概率应该保证小于β。

其中,各数值可通过下列步骤确定。

(1)确定α值和β值。

一个好的抽样方案,就是要同时兼顾生产者和用户的利益,严格控制两类错误判断概率。但是α、β不能规定过小,否则会造成样本容量n过大,以致无法操作。就一般工业产品而言,α取0.05及β取0.10最为常见;在工程产品抽检中,α、β规定多少才合适,目前尚无统一取值标准。但有一点可以肯定,工程产品抽检中,α、β取值远比工业产品的取值要大,原因是工业产品样本容量可以大些,而工程产品样本容量要小些。

(2)确定p_0、p_1。

①确定p_0。

p_0的水平受多种因素影响,如产品的检查费用、缺陷类别、对产品的质量要求等。一般通过生产者和用户协商,并辅以必要的计算来确定。它的确定分两种情况:

a. 根据过去的资料,可以把p_0选在过去平均不合格率附近。

b. 在缺乏过去资料的情况下,可结合工序能力调查来选择p_0,$p_0 = p_U + p_L$。其中,p_U是超上限不合格率,p_L是超下限不合格率。

②确定p_1。

抽样检验方案中,p_1的选取应与p_0拉开一定的距离,p_1/p_0过小(如$p_1/p_0 \leq 3$),往往增加n(抽样量),检验成本增加;p_1/p_0过大,会导致放松对质量的要求,对使用方不利,对生产方也有压力。一般情况下,p_1/p_0取4~10。

(3)根据α和β、p_0和p_1的值,可以通过查表、计算得出n、c的值。至此,抽样方案即已确定。

三、计量型抽样检验方案

计量抽样检查适用于有较高要求的质量特征值,而它可用连续尺度度量,并服从于正态分布,或经数据处理后服从正态分布。

(一)计量型抽样检验中的几个基本概念

1. 规格限

规格限指规定用以判断单位产品某计量质量特征是否合格的界限值。

规定的合格计量质量特征最大值为上规格限(U);规定的合格计量质量特征最小值是下规格限(L)。

仅对上或下规格限规定了可接收质量水平的规格限称为单侧规格限;同时对上或下规格限规定了可接收质量水平的规格限称为双侧规格限。

2. 上质量统计量、下质量统计量

上规格限、样本均值和样本标准差的函数是上质量统计量。符号为 Q_U。

$$Q_U = \frac{U - \overline{X}}{S} \tag{6-1}$$

式中: $\overline{X}$ 为样本均值; S 为样本标准差。

下规格限、样本均值和样本标准差的函数是下质量统计量。符号为 Q_L。

$$Q_L = \frac{\overline{X} - L}{S} \tag{6-2}$$

3. 接收常数(k)

由可接收质量水平和样本大小所确定的用于判断批接收与否的常数。它给出了可接收批的上质量统计量和(或)下质量统计量的最小值。

(二)计量型抽样检验方案的设计思想

计量型抽样检验,对单位产品的质量特征,必须用某种与之对应的连续量(例如时间、重量、长度等)实际测量,然后根据统计计算结果(例如均值、标准差或其他统计量等)是否符合规定的接收判定值或接收准则,对批进行判定。

抽取大小为 n 的样本,测量其中每个单位产品的计量质量特性值 X,然后计算样本均值 $\overline{x}$ 和样本标准差 S。

(1)根据均值是否符合接收判定值,对批进行判定,如图 6-5 所示。

(2)根据上、下质量统计是否符合接收判定值,对批进行判定。

对于单侧上规格限,计算上质量统计量。

$$Q_U = \frac{U - \overline{X}}{S} \tag{6-3}$$

若 $Q_U \geqslant k$,则接收该批;若 $Q_U < k$,则拒收该批。

对于单侧下规格限,计算下质量统计量。

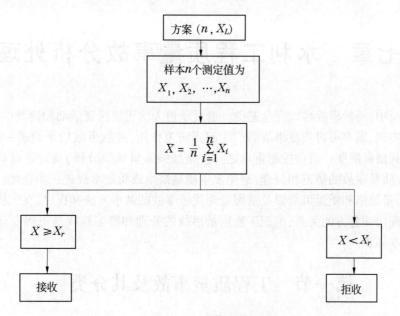

图 6-5　利用均值判定批

$$Q_L = \frac{\overline{X} - L}{S} \tag{6-4}$$

若 $Q_L \geq k$，则接收该批；若 $Q_L < k$，则拒收该批；对于分立双侧规格限，同时计算上、下质量规格限。

若 $Q_L \geq k_L$，且 $Q_U \geq k_U$，则接收该批；若 $Q_L < k_L$ 或 $Q_U < k_U$，则拒收该批。

思考题

1. 水利工程质量检测的定义是什么？检测单位应当向审批机关提交什么申请材料？

2. 什么是质量检验？质量检验的目的和作用是什么？

3. 什么是抽样检验？常用的抽样方法有哪几种？检验方案的设计思想是什么？

第七章 水利工程质量事故分析处理

工程建设中,质量事故难以完全避免。通过承包人的质量保证活动和建设单位、监理单位的质量控制,通常可对质量事故的产生起到防范作用,控制事故后果的进一步恶化,将危害降低到最低限度。质量控制重点之一就是加强质量风险分析,及时制订对策和措施,重视工程质量事故的防范和处理,避免发生质量缺陷或质量事故进一步恶化。区分质量不合格、质量缺陷和质量事故以及掌握处理质量事故的基本方法和程序,在工程质量事故处理中正确协调各方的关系,组织工程质量事故的处理和鉴定验收是工程专业学生应该掌握的基本知识。

第一节 工程质量事故及其分类

一、工程质量事故

(一)工程质量事故的定义

工程质量事故是指在水利工程建设过程中,由于建设管理、监理、勘测、设计、咨询、施工、材料、设备等原因造成工程质量不符合规程、规范和合同规定的质量标准,影响使用寿命和对工程安全运行造成隐患和危害的事件❶。工程如发生质量事故,往往造成停工、返工,甚至影响正常使用,有的质量事故会不断发展恶化,导致建筑物倒塌,并造成重大人身伤亡事故,这些都会给国家和人民造成不应有的损失。

需要指出的是,不少事故开始时经常只被认为是一般的质量缺陷,容易被忽视。随着时间的推移,待认识到这些质量缺陷问题的严重性时,往往处理困难,或无法补救,或导致建筑物失事。因此,除明显地不会有严重后果的缺陷外,对其他的质量问题均应认真分析,进行必要的处理,并做出明确的结论。

(二)工程质量事故特点

由于工程项目建设不同于一般的工业生产活动,其实施的一次性,生产组织特有的流动性、综合性,劳动的密集性及协作关系的复杂性,均造成工程质量事故更具有复杂性、严重性、可变性及多发性。

(1)质量事故的复杂性。为了满足各种特定使用功能的需要,以及适应各种自然环境的需要,建设工程产品的种类繁多,特别是水利水电工程,可以说没有一个工程是相同的。此外,即使是同类型的工程,由于地区不同、施工条件不同,可引起诸多复杂的技术问题。尤其需要注意的是,造成质量事故的原因错综复杂,同一形态的质量事故,其原因有时截然不同,因此处理的原则和方法也不同。同时还要注意到,建筑物在使用中也存在各

---

❶ 《水利工程质量事故处理暂行规定》1999 年 3 月 4 日水利部令第 9 号发布,自发布之日起施行。

种问题。所有这些复杂的因素必然导致工程质量事故的性质、危害和处理都很复杂。例如,大坝混凝土的裂缝,原因是很多的,可能是设计不良或计算错误,或温度控制不当,也可能是建筑材料的质量问题,也可能是施工质量低劣以及周围环境变化等诸多原因中的一个或几个造成的。

（2）质量事故的严重性。工程质量事故,有的会影响施工的顺利进行,有的会给工程留下隐患或缩短建筑物的使用年限,有的会影响安全甚至不能使用。在水利水电工程中,最为严重的事故会使大坝崩溃,即垮坝,造成严重人员伤亡和巨大的经济损失。所以,对已发现的工程质量问题决不能掉以轻心,务必及时进行分析,做出正确的结论,采取恰当的处理措施以确保安全。

（3）质量事故的可变性。工程中的质量问题多数是随时间、环境、施工情况等而发展变化的。例如,大坝裂缝问题,其数量、宽度、深度和长度会随着水库水位、气温、水温的变化而变化。又如,土石坝或水闸的渗透破坏问题,开始时一般仅下游出现浑水或冒砂,当水头增大时,这种浑水或冒砂量会增加。随着时间的推移,土坝坝体或地基,或闸底板下地基内的细颗粒逐步被淘走,形成管涌或流土,最终导致溃坝或水闸失稳破坏。因此,一旦发现工程的质量问题,就应及时调查、分析,对那些不断变化而可能发展成引起破坏的质量事故要及时采取应急补救措施,对那些表面的质量问题,要进一步查清内部情况,确定问题性质是否会转化;对那些随着时间、水位和温度等条件变化的质量问题,要注意观测、记录,并及时分析,找出其变化特征或规律,必要时及时进行处理。

（4）质量事故的多发性。事故的多发性有两层意思,一是有些事故像"常见病""多发病"一样经常发生,而成为质量通病。例如混凝土、砂浆强度不足,混凝土的蜂窝、麻面等。二是有些同类事故一再重复发生,例如在混凝土大坝施工中,裂缝的出现常会重复发生。

二、质量事故的分类

工程质量事故按直接经济损失大小,检查、处理事故对工期影响时间长短和对工程正常使用的影响,分为一般质量事故、较大质量事故、重大质量事故、特大质量事故(见表7-1)。

表7-1　水利工程质量事故分类标准

损失情况		质量事故类别			
		特大	重大	较大	一般
事故处理所需的物质、器材和设备、人工等直接损失费用/万元	大体积混凝土、金属结构制作和机电安装工程	>3 000	>500 ≤3 000	>100 ≤500	>20 ≤100
	土石方工程,混凝土薄壁工程	>1 000	>100 ≤1 000	>30 ≤100	>10 ≤30
事故处理所需合理工期/月		>6	>3,≤6	>1,≤3	≤1

续表 7-1

损失情况	质量事故类别			
	特大	重大	较大	一般
事故处理后对工程功能和寿命的影响	影响工程正常使用,需限制运行	不影响正常使用,但对工程寿命有较大影响	不影响正常使用,但对工程寿命有一定影响	不影响正常使用和工程寿命

注:1. 直接经济损失费用为必需条件,其余两项主要适用于大中型工程。

2. 小于一般质量事故的质量问题称为质量缺陷。

一般质量事故指对工程造成一定经济损失,经处理后不影响正常使用并不影响使用寿命的事故。

较大质量事故是指对工程造成较大经济损失或延误较短工期,经处理后不影响正常使用但对工程寿命有较大影响的事故。

重大质量事故是指对工程造成重大经济损失或较长时间延误工期,经处理后不影响正常使用但对工程寿命有较大影响的事故。

特大质量事故是指对工程造成特大经济损失或较长时间延误工期,经处理后仍对正常使用和工程寿命造成较大影响的事故。

第二节 工程质量事故原因分析

工程质量事故的分析处理,通常先要进行事故原因分析。在查明原因的基础上,一方面要寻找处理质量事故方法和提出防止类似质量事故发生的措施;另一方面要明确质量事故的责任者,从而明确由谁来承担处理质量事故的费用。

一、质量事故原因概述

(一)影响因素

质量事故的发生往往是由多种因素构成的,其中最基本的因素有人、材料、机械、工艺和环境。人最基本的问题是知识、技能、经验和行为特点等;材料和机械的因素更为复杂和繁多,如建筑材料、施工机械等存在千差万别;事故的发生也总和工艺及环境紧密相关,如自然环境、施工工艺、施工条件、各级管理机构状况等。由于工程建设往往涉及设计、施工、监理和使用管理等许多单位或部门,因此分析质量事故时,必须对这些基本因素以及他们之间的关系进行具体的分析探讨,找出引起事故的具体原因。

(二)引起事故的直接原因与间接原因

引发质量事故的原因常可分为直接原因和间接原因两类。

直接原因主要有人的行为不规范和材料、机械的状态不符合规定。例如,设计人员不遵照国家规范设计,施工人员违反规程作业等,都属人的行为不规范,又如水泥的一些指标不符合要求等,属材料不符合规定状态。

间接原因是指质量事故发生场所外的环境因素,如施工管理混乱、质量检察监督工作失责、规章制度缺乏等。事故的间接原因将会导致直接原因的发生。

(三)质量事故链及其分析

工程质量事故,特别是重大质量事故,原因往往是多方面的,由单纯一种原因造成的事故很少。如果把各种原因与结果连起来,就形成一条链条,通常称为事故链。由于原因与结果、原因与原因之间逻辑关系不同,则形成的事故链的形状也不同,主要有下列3种。

(1)多因致果集中型。各自独立的几个原因,共同导致事故发生,称为"集中型"事故。

(2)因果连锁型。某一原因促成下一要素的发生,这一要素又引发另一要素的出现,这些因果连锁发生而造成的事故,称为"连锁型"事故。

(3)复合型。从质量事故的调查中发现,单纯的集中型或单纯的连锁型均较少,常见的往往是某些因果连锁,又有一些原因集中,最终导致事故的发生,称为"复合型"事故。

在质量事故的调查与分析中,都涉及人(设计者、操作者等)和物(建筑物、材料、机具等),开始接触到的大多数是直接原因,如果不深入分析和进一步调查,就很难发现间接和更深层的原因,不能找出事故发生的本质原因,就难以避免同类事故的再次发生。因此,对一些重大的质量事故应采用逻辑推理法,通过事故链的分析,追寻事故的本质原因。

二、质量事故一般原因分析

造成工程质量事故的原因多种多样,但从整体上考虑,一般原因大致可以归纳为下列几方面。

(一)违反基本建设程序

基本建设程序是建设项目建设活动的先后顺序,是客观规律的反映,是几十年工程建设正反两方面经验的总结,是工程建设活动必须遵循的先后次序。违反基本建设程序而直接造成工程质量事故的问题有:

(1)可行性研究不充分。依据资料不充分或不可靠,或根本不做可行性研究。

(2)违章承接建设项目。如越级设计工程和施工,由于技术素质差,管理水平达不到标准要求。

(二)工程地质勘察失误或地基处理失误

工程地质勘察失误或勘测精度不足,导致勘测报告不详细、不准确,甚至错误,不能准确反映地质的实际情况,因而导致严重质量事故。如广东省某水电工程,由于土石料场设计前,对料场的勘察粗糙,达不到精度要求,在工程开工后,料场剥离开挖到一定程度,才发现该料场的土料不符合设计要求,必须重新选择料场,因而影响到工程的进度和造成较大的经济损失。

(三)设计方案和设计计算失误

在设计过程中,忽略了该考虑的影响因素,或者设计计算错误,是导致质量重大事故的祸根。如云南省某水电工程,在高边坡处理时,设计者没有充分考虑到地质条件的影响,对明显的节理裂缝重视不够,没有考虑工程措施,以致在基坑开挖时,高边坡大滑坡,造成重大质量事故。致使该工程推迟一年多发电,花费质量事故处理费用上亿元。

(四)人的原因

施工人员的问题。表现在:①施工技术人员数量不足、技术业务素质不高或使用不当;②施工操作人员培训不够,素质不高,对持证上岗的岗位控制不严,违章操作。

(五)建筑材料及制品不合格

不合格工程材料、半成品、构配件或建筑制品的使用,必然导致质量事故或留下质量隐患。常见建筑材料或制品不合格的现象有以下几种。

1. 水泥

①安定性不合格;②强度不足;③水泥受潮或过期;④水泥强度等级用错或混用。

2. 钢材

①强度不合格;②化学成分不合格;③可焊性不合格。

3. 砂石料

①岩性不良;②粒径、级配与含泥量不合格;③有害杂质含量多。

4. 外加剂

①外加剂本身不合格;②混凝土和砂浆中掺用外加剂不当。

(六)施工方法

施工方法的问题主要有以下几种。

1. 不按图施工

(1)无图施工。

(2)图纸不经审查就施工。

(3)不熟悉图纸,仓促施工。

(4)不了解设计意图,盲目施工。

(5)未经设计或监理同意,擅自修改设计。

2. 施工方案和技术措施不当

(1)施工方案考虑不周。

(2)技术措施不当。

(3)缺少可行的季节性施工措施。

(4)不认真贯彻执行施工组织设计。

(七)环境因素影响

环境因素影响主要有:

(1)施工项目周期长、露天作业多,受自然条件影响大,地质、台风、暴雨等都能造成重大的质量事故,施工中应特别重视,采取有效措施予以预防。

(2)施工技术管理制度不完善,表现在:

①没有建立完善的各级技术责任制。

②主要技术工作无明确的管理制度。

③技术交底不认真,又不做书面记录或交底不清。

三、成因分析方法

由于影响工程质量的因素众多,一个工程质量问题的实际发生,既可能因设计计算和施工图中存在错误,也可能因施工中出现不合格或质量问题,也可能因使用不当,或者由于设计、施工甚至使用、管理、社会体制等多种原因的复合作用。要分析究竟是哪种原因所引起的,必须对质量问题的特征、表现,以及其在施工中和使用中所处的实际情况和条件进行具体分析。分析方法很多,但其基本步骤和要领可概括如下。

(一)基本步骤

(1)进行细致的现场调查研究,观察记录全部实况,充分了解与掌握引发质量问题的现象和特征。

(2)收集调查与质量问题有关的全部设计和施工资料,分析、摸清工程在施工或使用过程中所处的环境及面临的各种条件和情况。

(3)找出可能产生质量问题的所有因素。

(4)分析、比较和判断,找出最可能造成质量问题的原因。

(5)进行必要的计算分析或模拟试验予以论证确认。

(二)分析要领

分析的要领是逻辑推理法,其基本原理是:

(1)确定质量问题的初始点,即所谓原点,它是一系列独立原因集合起来形成的爆发点。因其反映出质量问题的直接原因,而在分析过程中具有关键性作用。

(2)围绕原点对现场各种现象和特征进行分析,区别导致同类质量问题的不同原因,逐步揭示质量问题萌生、发展和最终形成的过程。

(3)综合考虑原因复杂性,确定诱发质量问题的起源点即真正原因。工程质量问题原因分析是对一堆模糊不清的事物和现象客观属性和联系的反映,它的准确性与监理人的能力学识、经验和态度有极大关系,其结果不单是简单的信息描述,而是逻辑推理的产物,其推理可用于工程质量的事前控制。

第三节　工程质量事故分析处理程序与方法

工程质量事故分析与处理的主要目的是:正确分析和妥善处理所发生的事故原因,创造正常的施工条件;保证建筑物、构筑物的安全使用,减少事故的损失;总结经验教训,预防事故发生,区分事故责任;了解结构的实际工作状态,为正确选择结构计算简图、构造设计,修订规范、规程和有关技术措施提供依据。

一、质量事故分析的重要性

质量事故分析的重要性表现在:

(1)防止事故的恶化。例如,在施工中发现现浇的混凝土梁强度不足,就应引起重视,如尚未拆模,则应考虑何时拆模,拆模时应采取何种补救措施。又如,在坝基开挖中,若发现钻孔已进入坝基保护层,此时就应注意到,若按照这种情况装药爆破对坝基质量的影响,同时及早采取适当的补救措施。

(2)创造正常的施工条件。如发现金属结构预埋件偏位较大,影响了后续工程的施工,必须及时分析与处理后,方可继续施工,以保证工程质量。

(3)排除隐患。如在坝基开挖中,由于保护层开挖方法不当,设计开挖面岩层较破碎,给坝的稳定性留下隐患。发现这些问题后,应进行详细的分析,查明原因,并采取适当的措施,以及时排除这些隐患。

(4)总结经验教训,预防事故再次发生。如大体积混凝土施工,出现深层裂缝是较普遍的质量事故,因此应及时总结经验教训,杜绝这类事故的发生。

(5)减少损失。对质量事故进行及时的分析,可以防止事故的恶化,及时地创造正常的施工秩序,并排除隐患以减少损失。此外,正确分析事故,找准事故的原因,可为合理的处理事故提供依据,达到尽量减少事故损失的目的。

二、工程质量事故分析处理程序

《水利工程质量事故处理暂行规定》中工程质量事故分析处理程序如图 7-1 所示。

(一)下达停工指示和事故报告

事故发生(发现)后,总监理工程师首先向施工单位下达停工通知。

事故发生后,施工单位要严格保护现场,采取有效措施抢救人员和财产,防止事故扩大。因抢救人员、疏导交通等原因需移动现场物件时,应当做出标志、绘制现场简图并做出书面记录,妥善保管现场重要痕迹、物证,并进行拍照或录像。

发生(发现)较大质量事故、重大质量事故和特大质量事故,事故单位要在 48 h 内向有关单位写出书面报告;突发性事故,事故单位要在 4 h 内电话向有关单位报告。

质量事故的报告制度为:

发生质量事故后,项目法人必须将事故的简要情况向项目主管部门报告。项目主管部门接到事故报告后,按照管理权限向上级水行政主管部门报告。

一般质量事故向项目主管部门报告。较大质量事故逐级向省级水行政主管部门或流域机构报告。重大质量事故逐级向省级水行政主管部门或流域机构报告并抄报水利部。特大质量事故逐级向水利部和有关部门报告。

事故报告应当包括以下内容:

(1)工程名称、建设规模、建设地点、工期,项目法人、主管部门及负责人电话。

(2)事故发生的时间、地点、工程部位以及相应的参建单位名称。

(3)事故发生的简要经过,伤亡人数和直接经济损失的初步估计。

(4)事故发生原因初步分析。

(5)事故发生后采取的措施及事故控制情况。

(6)事故报告单位、负责人及联系方式。

有关单位接到事故报告后,必须采取有效措施,防止事故扩大,并立即按照管理权限向上级部门报告或组织事故调查。

(二)事故调查

发生质量事故,要按照规定的管理权限组织调查组进行调查,查明事故原因,提出处

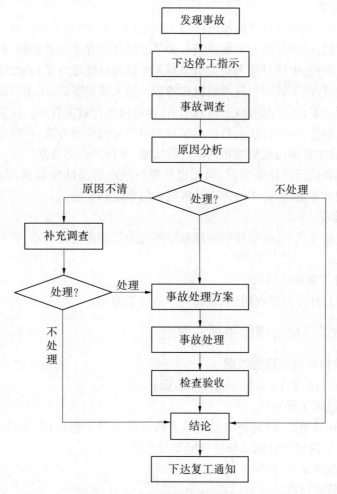

图 7-1　工程质量事故分析处理程序

理意见,提交事故调查报告。

　　一般事故由项目法人组织设计、施工、监理等单位进行调查,调查结果报项目主管部门核备。较大质量事故由项目主管部门组织调查组进行调查,调查结果报上级主管部门批准并报省级水行政主管部门核备。重大质量事故由省级以上水行政主管部门组织调查组进行调查,调查结果报水利部核备。特大质量事故由水利部组织调查。

　　事故调查组的主要任务有以下几个方面:

　　(1)查明事故发生的原因、过程、财产损失情况和对后续工程的影响。

　　(2)组织专家进行技术鉴定。

　　(3)查明事故的责任单位和主要责任者应负的责任。

　　(4)提出工程处理和采取措施的建议。

　　(5)提出对责任单位和责任者的处理建议。

　　(6)提交事故调查报告。

　　事故调查组提交的调查报告经主持单位同意后,调查工作即告结束。

(三) 事故处理

发生质量事故,必须针对事故原因提出工程处理方案,经有关单位审定后实施。

一般质量事故,由项目法人负责组织有关单位制订处理方案并实施,报上级主管部门备案。较大质量事故,由项目法人负责组织有关单位制订处理方案,经上级主管部门审定后实施,报省级水行政主管部门或流域机构备案。重大质量事故,由项目法人负责组织有关单位提出处理方案,征得事故调查组意见后,报省级水行政主管部门或流域机构审定后实施。特大质量事故,由项目法人负责组织有关单位提出处理方案,征得事故调查组意见后,报省级水行政主管部门或流域机构审定后实施,并报水利部备案。

事故处理需要进行设计变更的,需原设计单位或有资质的单位提出设计变更方案。需要进行重大设计变更的,必须经原设计审批部门审定后实施。

(四) 检查验收

事故部位处理完成后,必须按照管理权限经过质量评定与验收后,方可投入使用或进入下一阶段施工。

(五) 下达复工通知

事故处理经过评定和验收后,总监理人下达复工通知。

三、工程质量事故处理的依据和原则

(一) 工程质量事故处理的依据

工程质量事故处理的主要依据有 4 个方面:

(1)质量事故的实况资料。

(2)具有法律效力的、得到有关当事各方认可的工程承包合同、设计委托合同、材料或设备购销合同以及监理合同或分包合同等的合同文件。

(3)有关的技术文件、档案。

(4)相关的建设法规。

在这 4 方面依据中,前 3 种是与特定的工程项目密切相关的具有特定性质的依据。第 4 种法规性依据,是具有很高权威性、约束性、通用性和普遍性的依据,因而它在质量事故的处理事务中,也具有极其重要的作用。

(二) 工程质量事故处理的原则

因质量事故造成人身伤亡的,还应遵从国家和水利部伤亡事故处理的有关规定。

发生质量事故,必须坚持"事故原因不查清楚不放过、主要事故责任者和职工未受到教育不放过、补救和防范措施不落实不放过"的"三不放过"原则,认真调查事故原因,研究处理措施,查明事故责任,做好事故处理工作。

质量事故的责任者大致为:①施工承包人;②设计单位;③监理单位和发包人。施工质量事故若是施工承包人的责任,则事故分析和处理中发生的费用完全由施工承包人自己负责;施工质量事故责任者若非施工承包人,则质量事故分析和处理中发生的费用不能由施工承包人承担,而施工承包人可向发包人提出索赔。若是设计单位或监理单位的责任,应按照设计合同或监理委托合同的有关条款,对责任者按情况给予必要的处理。事故调查费用暂由项目法人垫付,待查清责任后,由责任方偿还。

第四节 工程质量事故处理方案确定及鉴定验收

工程质量事故处理方案是指技术处理方案,目的是消除质量隐患,达到建筑物安全可靠和正常使用各项功能及寿命要求的目的,保证施工正常进行。一般处理原则是:正确确定事故性质,是表面性还是实质性、是结构性还是一般性、是迫切性还是可缓性,正确确定处理范围,除了直接发生部位,检查处理事故相邻影响作用范围的结构部位或构件。

事故处理要建立在基于原因分析,对有些事故一时认识不清时,只要事故不致产生严重恶化,可以继续观察一段时间,做进一步调查分析,不要急于求成,以免造成同一事故多次处理的不良后果。事故处理基本要求是:安全可靠,不留隐患,满足建筑功能和使用要求,技术可行,经济合理,施工方便。在事故处理中,还必须加强质量检查和验收。对每一个质量事故,无论是否需要处理都要经过分析,做出明确的结论。

尽管对造成质量事故的技术处理方案多种多样,但根据质量事故情况可归纳为 3 种类型的处理方案。

一、工程质量事故处理方案的确定

(一)修补处理

这是最常用的一类处理方案。通常当工程的某个检验批、分项或分部的质量虽未达到规定的规范、标准或设计要求,存在一定缺陷,但通过修补或更换器具、设备后还可达到要求的标准,又不影响使用功能和外观要求,在此情况下可以进行修补处理。

属于修补处理这类具体方案很多,诸如封闭保护、复位纠偏、结构补强、表面处理等。某些混凝土结构表面的蜂窝、麻面,经调查分析,可进行剔凿、抹灰等表面处理,一般不会影响其使用和外观。

对较严重的质量问题,可能影响结构的安全性和使用功能,必须按一定的技术方案进行加固补强处理。这样往往会造成一些永久性缺陷,如改变结构外形尺寸,影响一些次要的使用功能等。

(二)返工处理

当工程质量未达到规定的标准和要求,存在严重质量问题,对结构的使用和安全构成重大影响,且又无法通过修补处理的情况下,可对检验批、分项、分部甚至整个工程返工处理。例如,某防洪堤坝填筑压实后,其压实土的干密度未达到规定值,经核算将影响土体的稳定且不满足抗渗能力要求,可挖除不合格土,重新填筑,进行返工处理。对某些存在严重质量缺陷,且无法采用加固补强等修补处理或修补处理费用比原工程造价还高的工程,应进行整体拆除、全面返工。

(三)不做处理

施工项目的质量问题,并非都要处理,即使有些质量缺陷,虽已超出了国家标准及规范要求,但也可以针对工程的具体情况,经过分析、论证做出无需处理的结论。总之,对质量问题的处理,要实事求是,既不能掩饰,也不能扩大,以免造成不必要的经济损失和延误工期。不做处理的质量问题常有以下几种情况:

（1）不影响结构安全、生产工艺和使用要求。例如，有的建筑物在施工中发生了错位，若要纠正，困难较大，或将造成重大的经济损失。经分析论证，只要不影响工艺和使用要求，可以不做处理。

（2）检验中的质量问题，经论证后可不做处理。例如，混凝土试块强度偏低，而实际混凝土强度经测试论证已达到要求，就可不做处理。

（3）某些轻微的质量缺陷，通过后续工序可以弥补的，可不做处理。例如，混凝土出现了轻微的蜂窝、麻面，而该缺陷可通过后续工序抹灰、喷涂、刷白等进行弥补，则无需对墙板的缺陷进行处理。

（4）对出现的质量问题，经复核验算，仍能满足设计要求者，可不做处理。例如，结构断面被削弱后，仍能满足设计的承载能力，但这种做法实际上是挖掘了设计潜力或降低了设计的安全系数，因此需要特别慎重。

二、质量问题处理的鉴定

质量问题处理是否达到预期的目的、是否留有隐患，需要通过检查验收来做出结论。事故处理质量检查验收，必须严格按施工验收规范中有关规定进行；必要时，还要通过实测、实量、荷载试验、取样试压及仪表检测等方法来获取可靠的数据。这样才可能对事故做出明确的处理结论。事故处理结论有以下几种：

（1）事故已排除，可以继续施工。

（2）隐患已经消除，结构安全可靠。

（3）经修补处理后，完全满足使用要求。

（4）基本满足使用要求，但附有限制条件，如限制使用荷载、限制使用条件等。

（5）对耐久性影响的结论。

（6）对建筑外观影响的结论。

（7）对事故责任的结论等。

此外，对一时难以做出结论的事故，还应进一步提出观测检查的要求。事故处理后，还必须提交完整的事故处理报告，其内容包括：事故调查的原始资料、测试数据，事故的原因分析、论证，事故处理的依据，事故处理方案、方法及技术措施，检查验收记录，事故无需处理的论证，以及事故处理结论等。

思考题

1．工程质量事故的特点有哪些？

2．工程质量事故是如何分类的？依据是什么？

3．造成质量事故的一般原因有哪些？

4．简述工程质量事故分析处理的程序。

5．工程质量事故处理的原则、方法是什么？

第八章　工程质量控制统计分析方法

　　数据反映了产品的质量状况及其变化,是进行质量控制的重要依据。"一切用数据说话"是全面质量管理的观点之一。为了将收集的数据变为有用的质量信息,就必须把收集来的数据进行整理,经过统计分析找出规律,发现存在的质量问题,进一步分析影响的原因,以便采取相应的对策与措施,使工程质量处于受控状态。

第一节　质量控制统计分析的基本知识

一、质量数据的分类

　　质量数据是指对工程(或产品)进行某种质量特性的检查、试验、化验等所得到的量化结果,这些数据向人们提供了工程(或产品)的质量评价和质量信息。

(一)工作程序

质量管理统计分析方法的工作程序如图 8-1 所示。

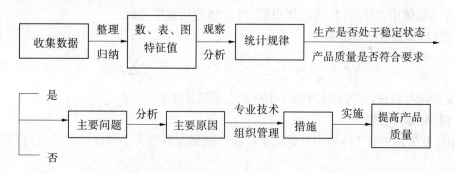

图 8-1　质量管理统计分析方法的工作程序

(二)按质量数据的本身特征分类

按质量数据的本身特征分类可分为计量值数据和计数值数据两种。

(1)计量值数据。计量值数据是指可以连续取值的数据,属于连续型变量。如长度、时间、重量、强度等。这些数据都可以用测量工具进行测量,这类数据的特点是在任何两个数值之间都可以取得精度较高的数值。

(2)计数值数据。计数值数据是指只能计数、不能连续取值的数据。如废品的个数、合格的分项工程数、出勤的人数等。此外,凡是由计数值数据衍生出来的量,也属于计数值数据。如合格率、缺勤率等虽都是百分数,但由于它们的分子是计数值,所以它们都是计数值数据。同理,由计量值数据衍生出来的量,也属于计量值数据。

(三)按质量数据收集的目的不同分类

按质量数据收集的目的不同分类,可以分为控制性数据和验收性数据两种。

(1)控制性数据。控制性数据是指以工序质量作为研究对象、定期随机抽样检验所获得的质量数据。它用来分析、预测施工(生产)过程是否处于稳定状态。

(2)验收性数据。验收性数据是以工程产品(或原材料)最终质量为研究对象,分析、判断其质量是否达到技术标准或用户要求,采用随机抽样检验而获取的质量数据。

二、质量数据的整理

(一)数据的修约

过去对数据采取四舍五入的修约规则,但是多次反复使用将使总值偏大。因此,在质量管理中,建议采用"四舍六入五单双法"修约,即四舍六入,五后非零时进一,五后皆零时视五前奇偶,五前为偶应舍去,五前为奇则进一(零视为偶数)。此外,不能对一个数进行连续修约。例如,将下列数字修约为保留一位小数时,分别为:

①14.263 1→14.3 ②14.342 6→14.3 ③14.250 1→14.3 ④14.150 0→14.2 ⑤14.250 0→14.2

(二)总体算术平均数 μ

$$\mu = \frac{1}{N}(X_1 + X_2 + \cdots + X_N) = \frac{1}{N}\sum_{i=1}^{N} X_i \tag{8-1}$$

式中:N 为总体中个体数;X_i 为总体中第 i 个个体的质量特性值。

(三)样本算术平均数 $\bar{x}$

$$\bar{x} = \frac{1}{n}(x_1 + x_2 + x_3 + \cdots + x_n) = \frac{1}{n}\sum_{i=1}^{n} x_i \tag{8-2}$$

式中:n 为样本容量;x_i 为样本中第 i 个样品的质量特性值。

(四)样本中位数

中位数又称中数。样本中位数就是将样本数据按数值大小有序排列后,位置居中的数值。

当 n 为奇数时
$$\widetilde{X} = x_{\frac{n+1}{2}} \tag{8-3}$$

当 n 为偶数时
$$\widetilde{X} = \frac{1}{2}(x_{\frac{n}{2}} + x_{\frac{n+1}{2}}) \tag{8-4}$$

(五)极差 R

极差是数据中最大值与最小值之差,是用数据变动的幅度来反映分散状况的特征值。极差计算简单、使用方便,但比较粗略,数值仅受两个极端值的影响,损失的质量信息多,不能反映中间数据的分布和波动规律,仅适用于小样本。其计算公式为

$$R = x_{\max} - x_{\min} \tag{8-5}$$

(六)标准偏差

用极差只反映数据分散程度,虽然计算简便,但不够精确。因此,对计算精度要求较高时,需要用标准偏差来表征数据的分散程度。标准偏差简称标准偏差或均方差。总体

的标准偏差用 σ 表示,样本的标准偏差用 S 表示。标准差值小说明分布集中程度高,离散程度小,均值对总体的代表性好;标准差的平方是方差,有鲜明的数理统计特征,能确切说明数据分布的离散程度和波动规律,是最常采用的反映数据变异程度的特征值。其计算公式如下:

（1）总体的标准偏差 σ

$$\sigma = \sqrt{\dfrac{\sum\limits_{i=1}^{n}(x_i - \mu)^2}{N}} \tag{8-6}$$

（2）样本的标准偏差 S

$$S = \sqrt{\dfrac{\sum\limits_{i=1}^{n}(x_i - \bar{x})^2}{n-1}} \tag{8-7}$$

当样本量（$n \geqslant 50$）足够大时,样本标准偏差 S 接近于总体标准偏差 σ ,式（8-7）中的分母（$n-1$）可简化为 n。

$\bar{x}$ 和 S 分别作为 μ 和 σ 的估计值。

（七）变异系数

标准偏差是反映样本数据的绝对波动状况,当测量较大的量值时,绝对误差一般较大;当测量较小的量值时,绝对误差一般较小。因此,用相对波动大小,即变异系数更能反映样本数据的波动性。变异系数 C_V 是标准偏差 S 与算术平均值 $\bar{X}$ 的比值,即

$$C_V = \frac{S}{X}$$

混凝土强度保证率和匀质性指标按月不同强度等级进行统计,混凝土匀质性指标以在标准温度、湿度条件下养护 28 d 龄期的混凝土试件抗压强度的离差系数 C_V 值表示。

强度保证率 P 是设计要求在施工中抽样检验混凝土的抗压强度,必须大于或等于某一强度等级强度的概率。如混凝土强度等级为 C20,设计要求强度保证率 P 为 80%,即平均 100 次试验中允许有 20 次试验强度结果小于 C20。强度保证率可从图 8-2 中查出,R_{28}是设计要求 28 d 龄期混凝土强度,R_m 是控制试件的平均强度。

三、质量数据的分布规律

在实际质量检测中,发现即使在生产过程是稳定正常的情况下,同一总体（样本）的个体产品的质量特性值也是互不相同的。这种个体间表现形式上的差异性,反映在质量数据上即为个体数值的波动性、随机性,然而当运用统计方法对这些大量丰富的个体质量数值进行加工、整理和分析后,发现这些产品的质量特性值（以计量值数据为例）大多都分布在数值变动范围的中部区域,即有向分布中心靠拢的倾向,表现为数值的集中趋势;还有一部分质量特性值在中心的两侧分布,随着逐渐远离中心,数值的个数变少,表现为数值的离散趋势。质量数据的集中趋势和离散趋势反映了总体（样本）质量变化的内在规律性。质量数据具有个体数值的波动性和总体（样本）分布的规律性。

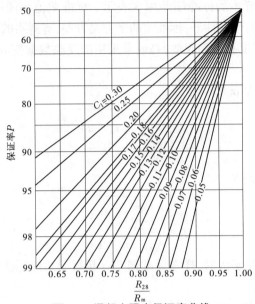

图 8-2　混凝土强度保证率曲线

(一)质量数据波动的原因

在生产实践中,常可看到在设备、原材料、工艺及操作人员相同的条件下,生产的同一种产品的质量不同,反映在质量数据上,即具有波动性,亦称为变异性。究其波动的原因,有来自生产过程和检测过程的,但不管哪一个过程的原因,均可归纳为下列 5 个方面因素的变化。

(1)人的状况,如精神、技术、身体和质量意识等。

(2)机械设备、工具等的精度及维护保养状况。

(3)材料的成分、性能。

(4)方法、工艺、测试方法等。

(5)环境,如温度和湿度等。

根据造成质量波动的原因,以及对工程质量的影响程度和消除的可能性,将质量数据的波动分为两大类,即正常波动和异常波动。质量特性值的变化在质量标准允许范围内波动称为正常波动,是由偶然因素引起的;若是超越了质量标准允许范围的波动则称为异常波动,是由系统性因素引起的。

1. 偶然性因素

它是由偶然性、不可避免的因素造成的。影响因素的微小变化具有随机发生的特点,是不可避免、难以测量和控制的,或者是在经济上不值得消除的,或者难以从技术上消除的。如原材料中的微小差异、设备正常磨损或轻微振动、检验误差等。它们大量存在但对质量的影响很小,属于允许偏差、允许位移范畴,引起的是正常波动,一般不会因此造成废品,生产过程正常稳定。通常把 4M1E 因素的这类微小变化归为影响质量的偶然性因素、不可避免因素或正常因素。

2. 系统性因素

当影响质量的 4M1E 因素发生了较大变化,如工人未遵守操作规程、机械设备发生故障或过度磨损、原材料质量规格有显著差异等情况发生时没有及时排除,生产过程再不正常,产品质量数据就会离散过大或与质量标准有较大偏离,表现为异常波动,产生次品、废品。这就是产生质量问题的系统性因素或异常因素。由于异常波动特征明显,容易识别和避免,特别是对质量的负面影响不可忽视,生产中应该随时监控,及时识别和处理。

(二)质量数据分布的规律性

已知前文在正常生产条件下,质量数据仍具有波动性,即变异性。概率数理统计在对大量统计数据研究中归纳总结出许多分布类型。一般来说,计量连续的数据是属于正态分布。计件值数据服从二项分布,计点值数据服从泊松分布。正态分布规律是各种频率分布中用得最广的一种,在水利工程施工质量管理中,量测误差、土质含水量、填土干密度、混凝土坍落度、混凝土强度等质量数据的频数分布一般认为服从正态分布。正态分布概率密度曲线如图8-3所示。

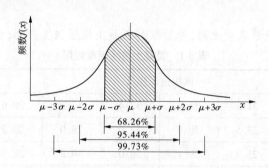

图8-3　正态分布概率密度曲线

从图8-3可知:①分布曲线关于均值 μ 是对称的。②标准差 σ 大小表达曲线宽窄的程度, σ 越大,曲线越宽,数据越分散; σ 越小,曲线越窄,数据越集中。③由概率论中的概率和正态分布的概念,查正态分布表可算出:曲线与横坐标轴所围成的面积为1;正态分布总体样本落在 $(\mu-\sigma,\mu+\sigma)$ 区间的概率为68.26%;正态分布总体样本落在 $(\mu-2\sigma,\mu+2\sigma)$ 区间的概率为95.44%,正态分布总体样本落在 $(\mu-3\sigma,\mu+3\sigma)$ 区间的概率为99.73%。也就是说,在测试1 000件产品质量特性值中,就可能有997件以上的产品质量特性值落在区间 $(\mu-3\sigma,\mu+3\sigma)$ 内,而出现在这个区间以外的只有不足3件。这在质量控制中称为"千分之三"原则或者"3σ原则"。这个原则是在统计管理中作任何控制时的理论根据,也是国际上公认的统计原则。

第二节　常用的质量分析工具

利用质量分析方法控制工序或工程产品质量,主要通过数据整理和分析,研究其质量误差的现状和内在的发展规律,据以推断质量现状和将要发生的问题,为质量控制提供依据和信息。所以,质量分析方法本身仅是一种工具,通过它只能反映质量问题,提供决策依据。真正要控制质量,还是要依靠针对问题所采取的措施。

用于质量分析的工具很多,常用的有直方图法、控制图法、排列图法、分层法、因果分析图法、相关图法和调查表法。

一、直方图法

(一)直方图的用途

直方图法即频数分布直方图法,它是将收集到的质量数据进行分组整理,绘制成频数分布直方图,通过频数分布分析研究数据的集中程度和波动范围的统计方法。通过直方图的观察与分析,可了解生产过程是否正常,估计工序不合格品率的高低,判断工序能力是否满足,评价施工管理水平高低等。

其优点是计算、绘图方便,易掌握且直观、确切。其缺点是不能反映质量数据随时间的变化;要求收集的数据较多,一般要 50 个以上,否则难以体现其规律。

(二)直方图的绘制方法

1.收集整理数据

例 8-1　某工程浇筑混凝土时,先后取得混凝土抗压强度数据,如表 8-1 所示。

表 8-1　混凝土抗压强度数据　　　　　　　　　　单位:MPa

行次	试块抗压强度						最大值	最小值
1	39.7	31.3	35.9	32.4	37.1	30.9	39.7	30.9
2	28.9	23.5	30.6	32.0	28.0	28.2	32.0	23.5
3	29.0	25.7	29.1	30.0	20.3	28.6	30.0	20.3
4	20.4	25.0	25.6	26.5	26.9	28.6	28.6	20.4
5	31.2	28.2	30.5	32.0	30.7	31.1	32.0	28.2
6	29.7	30.3	23.3	27.0	23.3	20.9	30.3	20.9
7	25.7	36.7	37.6	24.8	27.2	30.1	37.6	24.8
8	26.6	24.6	24.6	25.9	31.1	27.9	31.1	24.6
9	29.0	24.0	28.5	34.3	27.1	35.8	35.8	24.0
10	32.5	35.8	27.4	27.1	28.1	29.7	35.8	27.1
$X_{\max}, X_{\min}$							39.7	20.3

2.计算极差 R

找出全部数据中的最大值与最小值,计算出极差。

本例中 $X_{MPa} = 39.7$ MPa,$X_{\min} = 20.3$ MPa,极差 $R = 19.4$ MPa。

3.确定组数和组距

(1)确定组数 k。确定组数的原则是分组的结果能正确地反映数据的分布规律。组数应根据数据多少来确定。组数过少会掩盖数据的分布规律;组数过多会使数据过于凌乱分散,也不能显示出质量分布状况。一般可由经验数值确定,50~100 个数据时,可分为 6~10 组;100~250 个数据时,可分为 7~12 组;数据 250 个以上时,可分为 10~20 组;本例中取组数 $k = 7$。

（2）确定组距 h。组距是组与组之间的间隔，也即一个组的范围。各组距应相等。

$$组距 = 极差/组数$$

本例中组距 $h = 19.4/7 = 2.77$，为了计算方便，这里取 $h = 2.78$。其中，组中值按下式计算：

$$某组组中值 = \frac{某组下界限值 + 某组上界限值}{2}$$

4.确定组界值

确定组界值就是确定各组区间的上、下界值。为了避免 X_{min} 落在第一组的界限上，第一组的下界值应比 X_{min} 小；同理，最后一组的上界值应比 X_{max} 大。此外，为保证所有数据全部落在相应的组内，各组的组界值应当是连续的，而且组界值要比原数据的精度提高一级。

一般以数据的最小值开始分组。第一组上、下界值按下式计算：

第一组下界限值：$X_{min} - \dfrac{h}{2} = 20.3 - \dfrac{2.78}{2} = 18.91$

第一组上界限值：$X_{min} + \dfrac{h}{2} = 20.3 + \dfrac{2.78}{2} = 21.69$

第一组的上界限值就是第二组的下界限值；第二组的上界限值等于下界限值加组距 h，其余类推。

5.编制数据频数统计表

数据频数统计表如表 8-2 所示。

表 8-2　数据频数统计表

组号	组区间值	组中值	频数统计	频数/f	频率/%
1	18.91~21.69	20.3	下	3	5
2	21.69~24.47	23.08	正 丁	7	11.7
3	24.47~27.25	25.85	正 正 下	13	21.7
4	27.25~30.03	28.63	正 正 正 正 一	21	35
5	30.03~32.81	31.41	正 下	9	15
6	32.81~35.59	34.19	正	5	8.3
7	35.59~38.37	36.97	丁	2	3.3
	总计			60	

6.绘制频数分布直方图

以频率为纵坐标，以组中值为横坐标，画直方图，如图 8-4 所示。

(三)直方图的判断和分析

通过用直方图分布和公差比较判断工序质量，如发现异常，应及时采取措施预防产生不合格品。

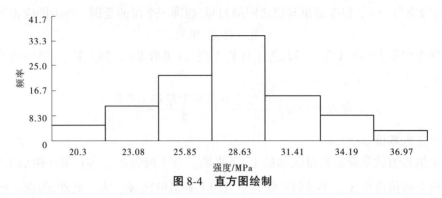

图 8-4　直方图绘制

1. 理想直方图

理想直方图是左右基本对称的单峰型。直方图的分布中心 $\bar{x}$ 与公差中心 μ 重合；直方图位于公差范围之内，即直方图宽度 B 小于公差 T。可以取 $T \approx 6S$，式中 S 为检测数据的标准偏差，如图 8-5(a)所示。

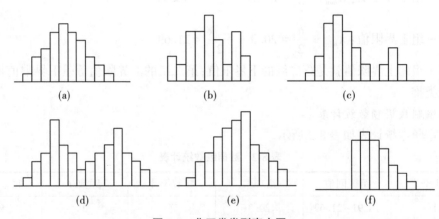

图 8-5　非正常类型直方图

对于例 8-1，直方图是左右基本对称的单峰型；利用式(8-7)计算 $S = 4.13$，$B = 19.4$。$B < 6S$，所以是正常型直方图。说明混凝土的生产过程正常。

2. 非正常型直方图

出现非正常型直方图时，表明生产过程或收集数据作图有问题。这就要求进一步分析判断找出原因，从而采取措施加以纠正。凡属非正常型直方图，其图形分布有各种不同缺陷，归纳起来一般有 5 种类型。

(1)折齿型。是由于分组过多或组距太细所致的，如图 8-5(b)所示。

(2)孤岛型。是由于原材料或操作方法的显著变化所致的，如图 8-5(c)所示。

(3)双峰型。是由于将来自两个总体的数据(如两种不同材料、两台机器或不同操作方法)混在一起所致的，如图 8-5(d)所示。

(4)缓坡型。图形向左或向右呈缓坡状，即平均值 $\bar{X}$ 过于偏左或偏右，这是由于工序施工过程中的上控制界限或下控制界限控制太严所造成的，如图 8-5(e)所示。

(5)绝壁型。是由于收集数据不当，或是人为剔除了下限以下的数据造成的，如

图 8-5(f)所示。

(四)废品率的计算

由于计量连续的数据一般是服从正态分布的,所以根据标准公差上限 T_U、标准公差下限 T_L 和平均值 $\overline{X}$、标准偏差 S 可以推断产品的废品率,如图 8-6 所示。

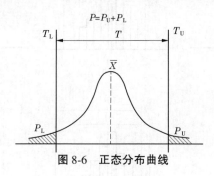

图 8-6 正态分布曲线

计算方法如下:

(1)超上限废品率 P_U 的计算。先求出超越上限的偏移系数,然后根据求出的偏移系数查正态分布表(见附录6),求得超上限的废品率 P_U。

$$K_{P_U} = \frac{|T_U - \overline{X}|}{S} \tag{8-8}$$

(2)超下限废品率 P_L 的计算。先求出超越下限的偏移系数,再依据求出的偏移系数查正态分布表,得出超下限的废品率 P_L。

$$K_{P_L} = \frac{|T_L - \overline{X}|}{S} \tag{8-9}$$

(3)总废品率:$P = P_U + P_L$。

例 8-2: 资料数据同例 8-1,若设计要求强度等级为 C20(强度为 20.0 MPa),其下限值按施工规范不得低于设计值的 15%,即 $T_L = 20.0 \times (1-0.15) = 17.0$(MPa)。求废品率。

解: 由于混凝土强度不存在超上限废品率的问题,由例 8-1 可知:$\overline{X} = 28.8$,$S = 4.13$

因此:
$$K_{P_L} = \frac{|T_L - \overline{X}|}{S} = \frac{|17 - 28.8|}{4.13} = 2.86$$

查正态分布表得 2.86 对应 0.997 9,即超下限废品率 $P_L = (1-0.997\ 9) \times 100\% = 0.21\%$,由于混凝土强度不存在超上限废品率问题,即 $P_U = 0$,所以总废品率 $P = P_L + P_U = 0.21\%$。

(五)工序能力指数 C_p

工序能力能否满足客观的技术要求,需要进行比较度量,工序能力指数就是表示工序能力满足产品质量标准程度的评价指标。所谓产品质量标准,通常指产品规格、工艺规范、公差等。工序能力指数一般用符号 C_p 表示,则将正常型直方图与质量标准进行比较,即可判断实际生产施工能力(见图 8-7)。

(1)T 表示质量标准要求的界限,B 代表实际质量特性值分布范围。

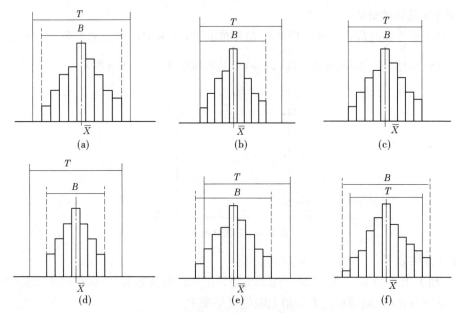

图 8-7　正常型直方图与质量标准比较

比较结果一般有以下几种情况：

①B 在 T 中间，两边各有一定余地，这是理想的控制状态，如图 8-7(a)所示。

②B 虽在 T 之内，但偏向一侧，有可能出现超上限或超下限不合格品，要采取纠正措施，提高工序能力，如图 8-7(b)所示。

③B 与 T 重合，实际分布太宽，极易产生超上限与超下限的不合格品，要采取措施，提高工序能力，如图 8-7(c)所示。

④B 过分小于 T，说明工序能力过大，不经济，如图 8-7(d)所示。

⑤B 过分偏离了中心，已产生超上限或超下限的不合格品，需调整至如图 8-7(e)所示。

⑥B 大于 T，已经产生大量超上限与超下限的不合格品，说明工序能力不能满足技术要求[见图 8-7(f)]。

(2)工序能力指数 C_P 的计算。

①对双侧限而言，当数据的实际分布中心与要求的标准中心一致时，即无偏的工序能力指数为

$$C_P = \frac{T_U - T_L}{6S} \tag{8-10}$$

当数据的实际分布中心与要求的标准中心不一致时，即有偏的工序能力指数为

$$C_{Pk} = C_P(1 - K) = \frac{T}{6S}(1 - K) \tag{8-11}$$

$$K = \frac{a}{T/2} = \frac{|2a|}{T}, a = \frac{T_U + T_L}{2} - \overline{X}$$

式中:T 为标准公差;T_U、T_L 为标准公差上限及下限;a 为偏移量;K 为偏移系数。

②对单侧限,即只存在 T_U 或 T_L 时,工序能力指数 C_p 计算公式应做如下修改。

若仅存在 T_L,则:

$$C_P = \frac{\mu - T_L}{3S} \tag{8-12}$$

若仅存在 T_U,则:

$$C_P = \frac{T_U - \mu}{3S} \tag{8-13}$$

式中:μ 为标准(设计)中心值。

当数据的实际中心与要求的中心不一致时,同样应该用偏移系数 K 对 C_p 进行修正,得到单侧限有偏的工序能力指数 C_{Pk}。

注意,不论是双侧限还是单侧限情况,仅当偏移量较小时,所得 C_{Pk} 才合理。

一般而言,当 $1.33 < C_p \leqslant 1.67$ 时,说明工程能力良好;当 $C_p = 1.33$ 时,说明工程能力勉强;当 $C_p < 1$ 时,说明工程能力不足。

二、控制图法

前述直方图所表示的都是质量在某一段时间里的静止状态。但在生产工艺过程中,产品质量的形成是个动态过程。因此,控制生产工艺过程的质量状态,就成了控制工程质量的重要手段。这就必须在产品制造过程中及时了解质量随时间变化的状况,使之处于稳定状态,而不发生异常变化,这就需要利用管理图法。

管理图又称控制图,它是指以某质量特性和时间为轴,在直角坐标系中所描的点,依时间为序所连成的折线,加上判定线以后所画成的图形。管理图法是研究产品质量随着时间变化,如何对其进行动态控制的方法。它的使用可使质量控制从事后检查转变为事前控制。借助于管理图提供的质量动态数据,人们可随时了解工序质量状态,发现问题、分析原因,采取对策,使工程产品的质量处于稳定的控制状态。

控制图一般有 3 条线:上面的一条线为控制上限,用符号 UCL 表示;中间的一条线为中心线,用符号 CL 表示;下面的一条线为控制下限,用符号 LCL 表示,如图 8-8 所示。

在生产过程中,按规定取样,测定其特性值,将其统计量作为一个点画在控制图上,然后连接各点成一条折线,即表示质量波动情况。

应该指出,这里的控制上下限和前述的标准公差上下限是两个不同的概念,不应混淆。控制界限是概率界限,而公差界限是一个技术界限。控制界限用于判断工序是否正常。控制界限是根据生产过程处于控制状态下所取得的数据计算出来的,公差界限是根据工程的设计标准而事先规定好的技术要求。

(一)控制图的种类

按照控制对象,可将双侧控制图分为计量双侧控制图和计数双侧控制图两种。

计量双侧控制图包括:平均值—极差双侧控制图($\overline{X}$—R 图),中位数—极差双侧控制图($\widetilde{X}$—R 图),单值—移动极差双侧控制图(X—RS 图)。

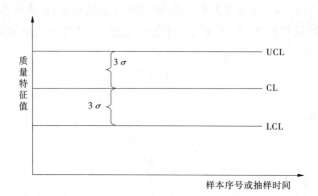

图 8-8　质量控制图

计数双侧控制图包括：不合格品数双侧控制图（P_n 图），不合格品率双侧控制图（P 图），缺陷数双侧控制图（C 图），单位缺陷数双侧控制图（u 图）。

这里只介绍平均值—极差双侧控制图（$\overline{X}$—R 图）。$\overline{X}$ 管理图是控制其平均值，极差 R 管理图是控制其均方差。通常这两张图一起用。

（二）控制图的绘制

在原材料质量基本稳定的条件下，混凝土强度主要取决于水灰比，因此可以通过控制水灰比来间接控制强度。为说明管理图的控制方法，以设计水灰比＝0.50 为例，绘制水灰比的 $\overline{X}$—R 管理图。

（1）收集预备数据。在生产条件基本正常的条件下，分盘取样，测定水灰比，每班取得 $n=3\sim5$ 个数据（一个数据为两次试验的平均值）作为一组，抽取的组数 $t=20\sim30$ 组。如表 8-3 所示。

表 8-3　$\overline{X}$—R 双侧控制图数据

组号	日期（月-日）	X_1	X_2	X_3	X_4	$\sum X_i$	$\overline{X}$	R
1	09-05	0.51	0.46	0.50	0.54	2.01	0.502	0.080
2	09-06	0.45	0.54	0.50	0.52	2.01	0.502	0.090
3	09-07	0.51	0.54	0.53	0.47	2.05	0.512	0.070
4	09-08	0.53	0.45	0.49	0.46	1.93	0.482	0.070
5	09-09	0.55	0.50	0.46	0.50	2.01	0.502	0.090
6	09-10	0.47	0.52	0.47	0.48	1.94	0.485	0.050
7	09-11	0.54	0.48	0.50	0.50	2.02	0.505	0.060
8	09-12	0.53	0.51	0.53	0.46	2.03	0.508	0.070
9	09-13	0.46	0.54	0.47	0.49	1.96	0.490	0.080
10	09-14	0.52	0.55	0.46	0.51	2.04	0.510	0.090
11	09-15	0.47	0.54	0.47	0.47	1.95	0.488	0.070
12	09-16	0.53	0.51	0.46	0.52	2.02	0.505	0.070
13	09-17	0.48	0.51	0.51	0.48	1.98	0.495	0.030
14	09-18	0.45	0.47	0.50	0.53	1.95	0.488	0.080

续表 8-3

组号	日期(月-日)	X_1	X_2	X_3	X_4	$\sum X_i$	$\overline{X}$	R
15	09-19	0.51	0.52	0.53	0.54	2.10	0.525	0.030
16	09-20	0.46	0.52	0.48	0.49	1.95	0.488	0.060
17	09-21	0.49	0.46	0.50	0.53	1.98	0.495	0.070
18	09-22	0.53	0.49	0.51	0.52	2.05	0.512	0.040
19	09-23	0.48	0.47	0.48	0.49	1.92	0.480	0.020
20	09-24	0.45	0.49	0.50	0.55	1.99	0.498	0.100
21	09-25	0.47	0.51	0.51	0.53	2.02	0.505	0.060
22	09-26	0.54	0.50	0.46	0.49	1.99	0.498	0.080
23	09-27	0.46	0.50	0.51	0.53	2.00	0.500	0.070
24	09-28	0.55	0.47	0.48	0.49	1.99	0.498	0.080
25	09-29	0.52	0.47	0.56	0.50	2.05	0.512	0.090

本例收集 25 组数据。

(2)计算各组平均值 $\overline{X}$ 和极差 R,计算结果记在右侧两栏。

(3)计算管理图的中心线,即 $\overline{X}$ 的平均值 $\overline{\overline{X}}$;计算 R 管理图的中心线,即 R 的平均值 $\overline{R}$。

$$\overline{\overline{X}} = \frac{\sum \overline{X}_i}{t} \qquad \overline{R} = \frac{\sum R_i}{t}$$

本例中, $\overline{\overline{X}} = 0.499$, $\overline{R} = 0.068$。

(4)计算管理界限。

$\overline{X}$ 管理图:中心线 CL$= \overline{\overline{X}}$;上管理界限 UCL$= \overline{\overline{X}} + A_2 \overline{R}$;下管理界限 LCL$= \overline{\overline{X}} - A_2 \overline{R}$ 。 $\overline{R}$ 管理图:中心线 CL$= \overline{R}$;上管理界限 UCL$= D_4 \overline{R}$;下管理界限 LCL$= D_3 \overline{R}$ ($n \leq 6$ 时不考虑)。 式中 A_2、D_3、D_4 为随 n 变化的系数,其值如表 8-4 所示。

表 8-4　随 n 变化的系数 A_2、D_3 和 D_4

n	2	3	4	5	6	7	8	9	10
A_2	1.880	1.023	0.729	0.577	0.483	0.419	0.373	0.337	0.308
D_3	—	—	—	—	—	0.076	0.136	0.184	0.223
D_4	3.267	2.575	2.282	2.115	2.004	1.924	1.864	1.816	1.777

本例计算结果如下:

$\overline{X}$ 管理图:

中心线 CL$= \overline{\overline{X}} = 0.499$。

上管理界限 UCL= $\overline{\overline{X}}+A_2\overline{R}$ = 0.499+0.729×0.068 = 0.549。

下管理界限 LCL= $\overline{\overline{X}}-A_2\overline{R}$ = 0.499-0.729×0.068 = 0.450。

$\overline{R}$ 管理图：

中心线 CL= $\overline{R}$ = 0.068。

上管理界限 UCL= $D_4\overline{R}$ = 2.282×0.068 = 0.155。

下管理界限 LCL= $D_3\overline{R}$ = 0×0.068 = 0($n\leqslant6$ 时不考虑)。

(5)画管理界限并打点,如图 8-9 所示。

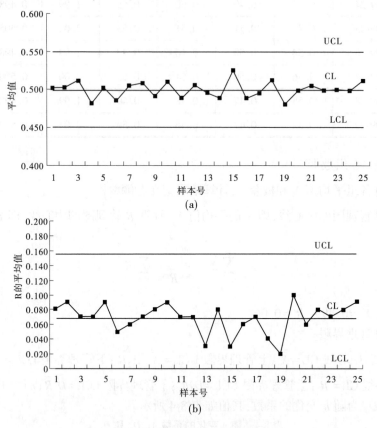

图 8-9　　$\overline{X}$ 管理图和 R 管理图

(三)控制图的分析与判断

　　绘制控制图的主要目的是分析判断生产过程是否处于稳定状态。控制图主要通过研究点是否超出了控制界线以及点在图中的分布状况,以判定产品(材料)质量及生产过程是否稳定,是否出现异常现象。如果出现异常,应采取措施使生产处于控制状态。

　　控制图的判定原则是:对某一具体工程而言,小概率事件在正常情况下不应该发生。换言之,如果小概率时间在一个具体工程中发生了,则可以判定出现了某种异常现象,否则就是正常的。由此可见,控制图判断的基本思想可以概括为"概率性质的反证法",即借用小概率事件在正常情况下不应发生的思想做出判断。这里所指的小概率事件是指概率小于1%的随机事件。

主要从以下4个方面来判断生产过程是否稳定：

(1)连续的点全部或几乎全部落在控制界线内,如图8-10(a)所示。经计算得到：

①连续25点无超出控制界线者。

②连续35点中最多有1点在界外者。

③连续100点中至多允许有2点在界外者。

这三种情况均为正常。

(2)点在中心线附近居多,即接近上、下控制界线的点不能过多。接近控制界线是指点落在了$(\mu - 2\sigma, \mu + 2\sigma)$以外和$(\mu - 3\sigma, \mu + 3\sigma)$以内。如属下列情况判定为异常：连续3点至少有2点接近控制界线；连续7点至少有3点接近控制界线；连续10点至少有4点接近控制界线。

(3)点在控制界线内的排列应无规律。如属下列情况判定为异常：①连续7点及其以上呈上升或下降趋势,如图8-10(b)所示；②连续7点及其以上在中心线两侧呈交替排列；③点的排列呈周期性,如图8-10(c)所示。

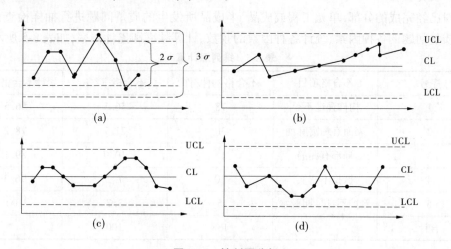

图8-10　控制图分析

(4)点在中心线两侧的概率不能过分悬殊,如图8-10(d)所示。如属下列情况,判定为异常：连续11点中有10点同侧；连续14点中有12点同侧；连续17点中有14点同侧；连续20点中有16点同侧。

三、排列图法

排列图法又称巴雷特图法,也叫主次因素分析图法,它是分析影响工程(产品)质量主要因素的一种有效方法。

(一)排列图的组成

排列图是由一个横坐标、两个纵坐标、若干个矩形和一条曲线组成的(见图8-11)。图中左边纵坐标表示频数,即影响调查对象质量的因素至复发生或出现次数(个数、点数)；横坐标表示影响质量的各种因素,按出现的次数从多至少、从左到右排列；右边的纵坐标表示频率,即各因素的频数占总频数的百分比;矩形表示影响质量因素的项目或特性,其高度表示该因素频数的高低;曲线表示各因素依次的累计频率,也称为巴雷特曲线。

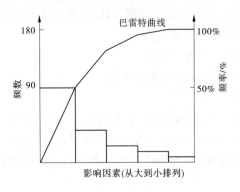

图 8-11　排列图组成

(二)排列图的绘制

1.收集数据

对已经完成的分部、单元工程或成品、半成品所发生的质量问题进行抽样检查,找出影响质量问题的各种因素、统计各种因素的频数、计算频率和累计频率,如表 8-5 所示。

表 8-5　排列图计算

序号	不合格项目	不合格构件/件	不合格率/%	累计不合格率/%
1	构件强度不足	78	56.5	56.5
2	表面有蜂窝麻面	30	21.7	78.2
3	局部有漏筋	15	10.9	89.1
4	振捣不密实	10	7.2	96.3
5	养护不良早期脱水	5	3.7	100
合计		138	100	

2.作排列图

(1)建立坐标。右边的频率坐标从 0 到 100% 划分刻度;左边的频数坐标从 0 到总频数划分割度,总频数必须与频率坐标上的 100% 成水平线;横坐标按因素的项目划分刻度,按照频数的大小依次排列。

(2)画直方图形。根据各因素的频数,依照频数坐标画出直方形(矩形)。

(3)画巴雷特曲线。根据各因素的累计频率,按照频率坐标上刻度描点,连接各点即为巴雷特曲线(或称巴氏曲线),如图 8-12 所示。

四、分层法

分层法又叫分类法,是将调查收集的原始数据,根据不同的目的要求,按某一性质分组、整理的分析方法。分层的结果使数据各层间差异突显出来,层内数据差异减少;再进行层间、层内比较分析。可以更深入地发现和认识质量问题产生的原因,由于产品质量是

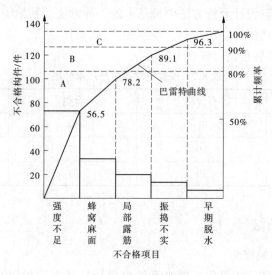

图 8-12　排列图

多方面因素共同作用的结果,因而对同一批数据,可以按不同性质分层,使能从不同角度来考虑、分析产品存在的质量影响因素。

常见的分层标志有:

(1)按操作班组或操作者分层。

(2)按使用机械设备型号分层。

(3)按操作方法分层。

(4)按原材料供应单位、供应时间或等级分层。

(5)按施工时间分层。

(6)按检查手段、工作环境等分层。

现举例说明分层法的应用。

钢筋焊接质量的调查分析,共检查了 50 个焊接点,其中不合格 19 个,不合格率为 38%,存在严重的质量问题,试用分层法分析质量问题产生的原因。

现已查明这批钢筋的焊接是由 A、B、C 三个师傅操作的,而焊条是由甲、乙两个厂家提供的,因此分别对操作者和焊条生产厂家进行分层分析,即考虑一种因素单独的影响(见表 8-6 和表 8-7)。由表 8-6 和表 8-7 分层分析可见,操作者 B 的质量较好,不合格率为 25%;而不论是采用甲厂还是乙厂的焊条,不合格率都很高且相差不大。

表 8-6　按操作者分层

操作者	不合格	合格	不合格率/%
A	6	13	32
B	3	9	25
C	10	9	53
合计	19	31	38

分层法是质量控制统计分析方法中最基本的一种方法。其他统计方法一般都要与分层法配合使用。如排列图法、直方图法、控制图法、相关图法等。常常是首先利用分层将原始数据分门别类,然后再进行统计分析。

表 8-7　按供应焊条生产厂家分层

工厂	不合格	合格	不合格率/%
甲	9	14	39
乙	10	17	37
合计	19	31	38

五、因果分析图法

(一)因果分析图的概念

因果分析图法是利用因果分析图来系统整理分析某个质量问题(结果)与其产生原因之间关系的有效工具,因果分析图也称特性要因图,又因其形状常被称为树枝图或鱼刺图。因果分析图基本形式如图 8-13 所示。可见,因果分析图由质量特性(指某个质量问题)、要因(产生质量问题的主要原因)、枝干(指一系列箭线表示不同层次的原因)、主干(指较粗的直接指向质量问题的水平箭线)等组成。

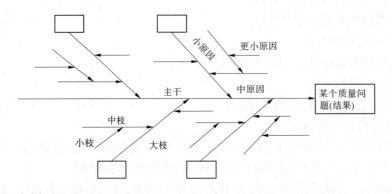

图 8-13　因果分析图

(二)因果分析图的绘制

下面结合实例加以说明。

例 8-3:绘制混凝土强度不足的因果分析图。

因果分析图的绘制步骤与图中箭头方向恰恰相反,是从"结果"开始将原因逐层分解的,具体步骤如下:

(1)明确质量问题-结果。该例分析的质量问题是"混凝土强度不足",作图时首先由左至右画出一条水平主干线,箭头指向一个矩形框,框内注明研究的问题,即结果。

(2)分析确定影响质量特性大的方面原因。一般来说,影响质量因素有 5 大方面,即人、机械、材料、方法、环境等。另外还可以按产品的生产过程进行分析。

(3)将每种大原因进一步分解为中原因、小原因,直至分解的原因可以有具体措施加以解决。

（4）检查图中的所列原因是否齐全，可以对初步分析结果广泛征求意见补充并修改。

（5）选择出影响大的关键因素，以便重点采取措施。

图 8-14 是混凝土强度不足的因果分析。

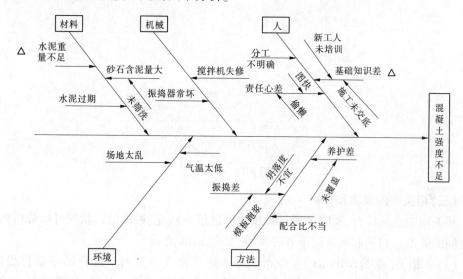

图 8-14　混凝土强度不足的因果分析

六、相关图法

（一）相关图法的概念

相关图又称散布图。在质量控制中它是用来显示两种质量数据之间关系的一种图形。质量数据之间的关系多属相关关系。一般有 3 种类型：一是质量特性和影响因素之间的关系；二是质量特性和质量特性之间的关系；三是影响因素和影响因素之间的关系。

可以用 Y 和 X 分别表示质量特性值和影响因素，通过绘制散布图计算相关系数等，分析研究两个变量之间是否存在相关关系，以及这种关系密切程度如何，进而通过对相关程度密切的两个变量中的其中一个变量观察控制，而去估计控制另一个变量的数值，以达到保证产品质量的目的。这种统计分析方法，称为相关图法。

（二）相关图的绘制方法

1.收集数据

要成对地收集两种质量数据，数据不得过少。本例收集数据如表 8-8 所示。

表 8-8　相关图数据

	序号	1	2	3	4	5	6	7	8
X	水灰比/（W/C）	0.4	0.45	0.5	0.55	0.6	0.65	0.7	0.75
Y	强度/（N/mm^2）	36.3	35.3	28.2	24.0	23.0	20.6	18.4	15.0

2.绘制相关图

在直角坐标系中，一般 X 轴用来代表原因的量或较易控制的量，本例中表示水灰比；

Y轴用来代表结果的量或不易控制的量,本例中表示强度。然后在数据中相应的坐标位置上描点,便得到散布图,如图8-15所示。

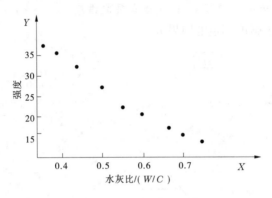

图 8-15　相关图

(三)相关图的观察和分析

相关图中点的集合,反映了两种数据之间的散布状况,根据散布状况可以分析两个变量之间的关系。归纳起来有以下6种类型,如图8-16所示。

(1)正相关[见图8-16(a)]。散布点基本形成由左至右向上变化的一条直线带,即随x值增加,y值也相应增加,说明x与y有较强的制约关系。此时,可通过对x控制而有效控制y的变化。

(2)弱正相关[见图8-16(b)]。散布点形成向上较分散的直线带。随x值的增加,y值也有增加趋势,但x、y的关系不像正相关那么明确。说明y除受x影响外,还受其他更重要的因素影响,需要进一步利用因果分析图法分析其他影响因素。

(3)不相关[见图8-16(c)]。散布点形成一团或平行于x轴的直线带。说明x变化不会引起y的变化或其变化无规律,分析质量原因时可排除x因素。

(4)负相关[见图8-16(d)]。散布点形成由左向右向下的一条直线带,说明x对y的影响与正相关恰恰相反。

(5)弱负相关[见图8-16(e)]。散布点形成由左至右向下分布较分散的直线带。说明x与y的相关关系较弱,且变化趋势相反,应考虑寻找影响y的其他更重要的因素。

(6)非线性相关[见图8-16(f)]。散布点呈一曲线带,即在一定范围内x值增加,y值也增加;超过这个范围x值增加,y值则有下降趋势;或改变变动的斜率呈曲线形态。

从图8-16可以看出,本例水灰比对强度影响属于负相关。初步结果是,在其他条件不变的情况下,混凝土强度随着水灰比增大有逐渐降低的趋势。

七、调查表法

调查表法也叫调查分析表法或检查表法,是利用图表或表格进行数据收集和统计的一种方法。也可以对数据稍加整理达到粗略统计,进而发现质量问题的效果。所以,调查表除了收集数据外很少单独使用。调查表没有固定的格式,可根据实际情况和需要拟订合适的格式。根据调查的目的不同,调查表分为以下几种形式。

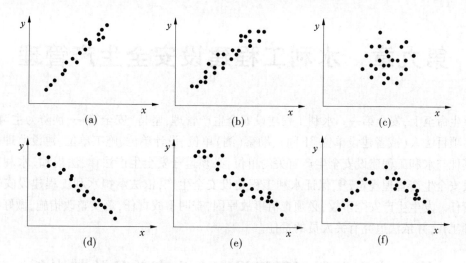

图 8-16　不同类型的相关图

（1）分项工程质量调查表。

（2）不合格内容调查表。

（3）不良原因调查表。

（4）工序分布调查表。

（5）不良项目调查表。

表 8-9 是混凝土外观检查用不良项目调查表，可供其他统计方法使用。可粗略统计不良项目出现比较集中的是"胀模""漏浆""埋件偏差"，与模板本身的刚度、严密性、支撑系统的牢固性有关，质量问题集中在支模班组。可针对模板班组采取措施。

表 8-9　混凝土外观检查用不良项目调查表

施工工段	蜂窝麻面	胀模	露筋	漏浆	上表面不平	埋件偏差	其他
1	一	正 丁	一	3	1	2	
2		正一	一	3		2	
3		正		3		1	
合计	1	18	2	9	1	5	

思考题

1. 简述工程质量控制统计分析方法的工作程序。

2. 常用的质量分析工具有哪些？

3. 直方图、控制图的绘制方法分别是什么？

4. 直方图、控制图均可用来进行工序质量分析，各有什么特点？

5. 如何利用排列图确定影响质量的主次因素？

第九章　水利工程建设安全生产管理

生命至上,安全第一。水利工程建设安全生产管理,坚持"安全第一、预防为主"的方针。项目法人(或者建设单位,下同)、勘察(测)单位、设计单位、施工单位、建设监理单位及其他与水利工程建设安全生产有关的单位,必须遵守安全生产法律、法规和《水利工程建设安全生产管理规定》❶,保证水利工程建设安全生产,依法承担水利工程建设安全生产责任。发生生产安全事故,必须查清事故原因,查明事故责任,落实整改措施,做好事故处理工作,并依法追究有关人员的责任。

第一节　水利工程建设安全生产单位及其责任

一、项目法人的安全责任

(一)基本要求

项目法人在对施工投标单位进行资格审查时,应当对投标单位的主要负责人、项目负责人以及专职安全生产管理人员是否经水行政主管部门安全生产考核合格进行审查。有关人员未经考核合格的,不得认定投标单位的投标资格。

项目法人应当向施工单位提供施工现场及施工可能影响的毗邻区域内供水、排水、供电、供气、供热、通信、广播电视等地下管线资料,气象和水文观测资料,拟建工程可能影响的相邻建筑物和构筑物、地下工程的有关资料,并保证有关资料的真实、准确、完整,满足有关技术规范的要求。应当在招标时提供可能影响施工报价的资料。

项目法人不得调减或挪用批准概算中所确定的水利工程建设有关安全作业环境及安全施工措施等所需费用。工程承包合同中应当明确安全作业环境及安全施工措施所需费用。

(二)安全生产措施方案

项目法人应当组织编制保证安全生产的措施方案,并自工程开工之日起 15 个工作日内报有管辖权的水行政主管部门、流域管理机构或者其委托的水利工程建设安全生产监督机构(简称安全生产监督机构)备案。建设过程中安全生产情况发生变化时,应当及时对保证安全生产的措施方案进行调整,并报原备案机关。保证安全生产的措施方案应当根据有关法律法规、强制性标准和技术规范的要求并结合工程的具体情况编制,方案应当包括以下内容:

---

❶　《水利工程建设安全生产管理规定》2005 年 7 月 22 日水利部令第 26 号发行,根据 2014 年 8 月 9 日《水利部关于废止和修改部分规章的决定》第一次修改,根据 2017 年 12 月 22 日《水利部关于废止和修改部分规章的决定》第二次修正,根据 2019 年 5 月 10 日《水利部关于修改部分规章的决定》第三次修正。

（1）项目概况。

（2）编制依据。

（3）安全生产管理机构及相关负责人。

（4）安全生产的有关规章制度制定情况。

（5）安全生产管理人员及特种作业人员持证上岗情况等。

（6）生产安全事故的应急救援预案。

（7）工程度汛方案、措施。

（8）其他有关事项。

项目法人在水利工程开工前，应当就落实保证安全生产的措施进行全面系统的布置，明确施工单位的安全生产责任。

项目法人应当将水利工程中的拆除工程和爆破工程发包给具有相应水利水电工程施工资质等级的施工单位。

（三）备案资料

项目法人应当在拆除工程或者爆破工程施工 15 d 前，将下列资料报送水行政主管部门、流域管理机构或者其委托的安全生产监督机构备案。

（1）拟拆除或拟爆破的工程及可能危及毗邻建筑物的说明。

（2）施工组织方案。

（3）堆放、清除废弃物的措施。

（4）生产安全事故的应急救援预案。

二、勘察（测）、设计、建设监理及其他有关单位的安全责任

（一）勘察（测）单位的安全责任

勘察（测）单位应当按照法律、法规和工程建设强制性标准进行勘察（测），提供的勘察（测）文件必须真实、准确，满足水利工程建设安全生产的需要。

勘察（测）单位在勘察（测）作业时，应当严格执行操作规程，采取措施保证各类管线、设施和周边建筑物、构筑物的安全。

勘察（测）单位和有关勘察（测）人员应当对其勘察（测）成果负责。

（二）设计单位的安全责任

设计单位应当按照法律、法规和工程建设强制性标准进行设计，并考虑项目周边环境对施工安全的影响，防止因设计不合理导致生产安全事故的发生。

设计单位应当考虑施工安全操作和防护的需要，对涉及施工安全的重点部位和环节在设计文件中注明，并对防范生产安全事故提出指导意见。

采用新结构、新材料、新工艺以及特殊结构的水利工程，设计单位应当在设计中提出保障施工作业人员安全和预防生产安全事故的措施建议。

设计单位和有关设计人员应当对其设计成果负责。

设计单位应当参与与设计有关的生产安全事故分析，并承担相应的责任。

(三)建设监理单位和监理人员的安全责任

建设监理单位和监理人员应当按照法律、法规和工程建设强制性标准实施监理,并对水利工程建设安全生产承担监理责任。

建设监理单位应当审查施工组织设计中的安全技术措施或者专项施工方案是否符合工程建设强制性标准。

建设监理单位在实施监理过程中,发现存在生产安全事故隐患的,应当要求施工单位整改;对情况严重的,应当要求施工单位暂时停止施工,并及时向水行政主管部门、流域管理机构或者其委托的安全生产监督机构以及项目法人报告。

(四)其他单位的安全责任

为水利工程提供机械设备和配件的单位,应当按照安全施工的要求提供机械设备和配件,配备齐全有效的保险、限位等安全设施和装置,提供有关安全操作的说明,保证其提供的机械设备和配件等产品的质量和安全性能达到国家有关技术标准。

三、施工单位的安全责任

(一)基本要求

施工单位从事水利工程的新建、扩建、改建、加固和拆除等活动,应当具备国家规定的注册资本、专业技术人员、技术装备和安全生产等条件,依法取得相应等级的资质证书,并在其资质等级许可的范围内承揽工程。

施工单位应当在依法取得安全生产许可证后,方可从事水利工程施工活动。

施工单位主要负责人依法对本单位的安全生产工作全面负责。施工单位应当建立健全安全生产责任制度和安全生产教育培训制度,制定安全生产规章制度和操作规程,保证本单位建立和完善安全生产条件所需资金的投入,对所承担的水利工程进行定期和专项安全检查,并做好安全检查记录。

施工单位的项目负责人应当由取得相应执业资格的人员担任,对水利工程建设项目的安全施工负责,落实安全生产责任制度、安全生产规章制度和操作规程,确保安全生产费用的有效使用,并根据工程的特点组织制订安全施工措施,消除安全事故隐患,及时、如实报告生产安全事故。

施工单位在工程报价中应当包含工程施工的安全作业环境及安全施工措施所需费用。对列入建设工程概算的上述费用,应当用于施工安全防护用具及设施的采购和更新、安全施工措施的落实、安全生产条件的改善,不得挪作他用。

施工单位应当设立安全生产管理机构,按照国家有关规定配备专职安全生产管理人员。施工现场必须有专职安全生产管理人员。专职安全生产管理人员负责对安全生产进行现场监督检查。发现生产安全事故隐患应当及时向项目负责人和安全生产管理机构报告;对违章指挥、违章操作的,应当立即制止。

施工单位在建设有度汛要求的水利工程时,应当根据项目法人编制的工程度汛方案、措施制订相应的度汛方案,报项目法人批准;涉及防汛调度或者影响其他工程、设施度汛安全的,由项目法人报有管辖权的防汛指挥机构批准。

垂直运输机械作业人员、安装拆卸工、爆破作业人员、起重信号工、登高架设作业人员等特种作业人员,必须按照国家有关规定经过专门的安全作业培训,并取得特种作业操作资格证书后方可上岗作业。

(二)专项施工方案

施工单位应当在施工组织设计中编制安全技术措施和施工现场临时用电方案,对下列达到一定规模的危险性较大的工程应当编制专项施工方案,并附具安全验算结果,经施工单位技术负责人签字以及总监理工程师核签后实施,由专职安全生产管理人员进行现场监督。

(1)基坑支护与降水工程。

(2)土方和石方开挖工程。

(3)模板工程。

(4)起重吊装工程。

(5)脚手架工程。

(6)拆除、爆破工程。

(7)围堰工程。

(8)其他危险性较大的工程。

对前款所列工程中涉及高边坡、深基坑、地下暗挖工程、高大模板工程的专项施工方案,施工单位还应当组织专家进行论证、审查。

施工单位在使用施工起重机械和整体提升脚手架、模板等自升式架设设施前,应当组织有关单位进行验收,也可以委托具有相应资质的检验检测机构进行验收;使用承租的机械设备和施工机具及配件的,由施工总承包单位、分包单位、出租单位和安装单位共同进行验收。验收合格的方可使用。

(三)考核和培训

施工单位的主要负责人、项目负责人、专职安全生产管理人员应当经水行政主管部门对其安全生产知识和管理能力考核合格。

施工单位应当对管理人员和作业人员每年至少进行一次安全生产教育培训,其教育培训情况记入个人工作档案。安全生产教育培训考核不合格的人员不得上岗。

施工单位在采用新技术、新工艺、新设备、新材料时,应当对作业人员进行相应的安全生产教育培训。

第二节　施工不安全因素分析

施工中的不安全因素很多,且随着工种不同、工程不同而变化,但概括起来,这些不安全因素主要来自人、物和环境3个方面。因此,一般来说,施工安全控制就是对人、物和环境等因素进行控制。

一、人的不安全行为

人既是管理的对象,又是管理的动力,人的行为是安全生产的关键。在施工作业中存在的违章指挥、违章作业以及其他行为都可能导致生产安全事故的产生。统计资料表明，88%的安全事故是由于人的不安全行为造成的。通常的不安全行为主要有以下几个方面。

(1)违反上岗身体条件规定。如患有不适合从事高空和其他施工作业相应的疾病；未经严格身体检查，不具备从事高空、井下、水下等相应施工作业规定的身体条件；疲劳作业和带"病"作业。

(2)违反上岗规定。无证人员从事需证岗位作业；非定机、定岗人员擅自操作等。

(3)不按规定使用安全防护品。进入施工现场不戴安全帽；高空作业不佩挂安全带或挂置不可靠；在潮湿环境中有电作业不使用绝缘防护品等。

(4)违章指挥。在作业条件未达到规范、设计条件下组织进行施工；在已经不再适应施工的条件下继续进行施工；在已发事故安全隐患未排除时冒险进行施工；在安全设施不合格的情况下强行进行施工；违反施工方案和技术措施；在施工中出现异常的情况下做了不当的处置等。

(5)违章作业。违反规定的程序、规定进行作业。

(6)缺乏安全意识。

二、物的不安全因素

物的不安全状态，主要表现在以下3个方面：

(1)设备、装置的缺陷。主要是指设备、装置的技术性能降低、强度不够、结构不良、磨损、老化、失灵、腐蚀、物理和化学性能达不到要求等。

(2)作业场所的缺陷。主要是指施工作业场地狭小，交通道路不宽畅，机械设备拥挤，多工种交叉作业组织不善，多单位同时施工等。

(3)物资和环境的危险源。主要包括化学方面：氧化、易燃、毒性、腐蚀等；机械方面：振动、冲击、位移、倾覆、陷落、抛飞、断裂、剪切等；电气方面：漏电、短路，电弧、高压带电作业等；自然环境方面：辐射、强光、雷电、风暴、浓雾、高低温、洪水、高压气体、火源等。

上述不安全因素中，人的不安全因素是关键因素，物的不安全因素是通过人的生理和心理状态而起作用的。因此，监理人在安全控制中，必将将两类不安全因素结合起来综合考虑，才能达到确保安全的目的。

三、施工中常见的引起安全事故的因素

(一) 高处坠落引起的安全事故

高空作业四面临空、条件差、危险因素多，因此无论是水利水电工程还是其他建筑工程，高空坠落事故特别多，其主要不安全因素有：

(1)安全网或护栏等设置不符合要求。高处作业点的下方必须设置安全网、护栏、立网，盖好洞口等，从根本上避免人员坠落或万一有人坠落时，也能免除或减轻伤害。

(2)脚手架和梯子结构不牢固。

(3)施工人员安全意识差。如高空作业人员不系安全带、高空作业的操作要领没有

掌握等。

(4)施工人员身体素质差。如患有心脏病、高血压等。

(二)使用起重设备引起的安全事故

起重设备,如塔式、门式起重机等,其工作特点是:塔身较高,行走、起吊、回转等作业可同时进行。这类起重机较突出的大事故发生在"倒塔""折臂"和拆装时。容易发生这类事故的主要原因有:

(1)司机操作不熟练,引起误操作。

(2)超负荷运行,造成吊塔倾倒。

(3)斜吊时,吊物一离开地面就绕其垂直方向摆动,极易伤人。同时也会引起倒塔。

(4)轨道铺设不合规定,尤其是地锚埋设不合要求。

(5)安全装置失灵。如起重量限制器、吊钩高度限制器、幅度指示器、夹轨等失灵。

(三)施工用电引起的安全事故

电气事故的预兆性不直观、不明显,而事故的危害很大。使用电气设备引起触电事故的主要原因有:

(1)违章在高压线下施工,而未采取其他安全措施,以至钢管脚手架、钢筋等碰上高压线而触电。

(2)供电线路铺设不符合安装规程。如架设得太低、导线绝缘损坏、采用不合格的导线或绝缘子等。

(3)维护检修违章。移动或修理电气设备时不预先切断电源,用湿手接触开关、插头,使用不合格的电气安全用具等。

(4)用电设备损坏或不合格,使带电部分外露。

(四)爆破引起的安全事故

无论是露天爆破、地下爆破,还是水下爆破,都发生过许多安全事故,其主要原因可归结为以下几方面:

(1)炮位选择不当,最小抵抗线掌握不准,装药量过多,放炮时飞石超过警戒线,造成人身伤亡或损坏建筑物和设备。

(2)违章处理瞎炮,拉动起爆体触响雷管,引起爆炸伤人。

(3)起爆材料质量不符合标准,发生早爆或迟爆。

(4)人员、设备在起爆前未按规定撤离或爆破后人员过早进入危险区造成事故。

(5)爆破时点炮个数过多或导火索太短,点炮人员来不及撤到安全地点而发生爆炸。

(6)电力起爆时,附近有杂散电流或雷电干扰发生早爆。

(7)用非爆破专业测试仪表测量电爆网络或起爆体,因其输出电流强度大于规定的安全值而发生爆炸事故。

(8)大量爆破对地震波、空气冲击和飞石的安全距离估计不足,附近建筑物和设备未采取相应的保护措施而造成损失。

(9)爆炸材料不按规定存放或警戒,管理不严,造成爆炸事故。

(10)炸药仓库位置选择不当,由意外因素引起爆炸事故。

(11)变质的爆破材料未及时处理,或违章处理造成爆炸事故。

(五)坍塌引起的安全事故

施工中引起塌方的原因主要有:

(1)边坡修得太小或在堆放泥土施工中,大型机械离沟坑边太近。这些都会增大土体的滑动力。

(2)排水系统设计不合理或失效使土体抗滑力减小,滑动力增大,易引起塌方。

(3)由流沙、涌水、沉陷和滑坡引起的塌方。

(4)发生不均匀沉降和显著变形的地基。

(5)因违规拆除结构件、拉结件或其他原因造成破坏的局部杆件或结构。

(6)受载后发生变形、失稳或破坏的局部杆件。

四、安全技术操作规程中关于安全方面的规定

(一)高处施工安全规定

(1)凡在坠落高度基准面 2 m 和 2 m 以上有可能坠落的高处进行作业,均称为高处作业。高处作业的级别:高度在 2~5 m 时,称为一级高处作业;高度在 5~15 m 时,称为二级高处作业;高度在 15~30 m 时,称为三级高处作业;高度在 30 m 以上时,称为特级高处作业。

(2)特级高处作业,应与地面设联系信号或通信装置,并应有专人负责。

(3)遇有 6 级以上的大风,没有特别可靠的安全措施,禁止从事高处作业。

进行三级、特级和悬空高处作业时,必须事先制订安全技术措施,施工前应向所有施工人员进行技术交底,否则不得施工。

(4)高处作业使用的脚手架上,应铺设固定脚手板和 1 m 高的护身栏杆。安全网必须随着建筑物升高而提高,安全网距离工作面的最大高度不超过 3 m。

(二)使用起重设备安全规定

(1)司机应听从作业指挥人员指挥,得到信号后方可操作。操作前必须鸣号,发现停车信号(包括非指挥人员发出的停车信号),应立即停车。要密切注视作业人员的动作。

(2)起吊物件的重量不得超过起重机的额定起重量,禁止斜吊、拉吊和起吊埋在地下或与地面冻结以及被其他重物卡压的物件。

(3)当气温低于-20 ℃或遇雷雨大雾和 6 级以上大风时,禁止作业(高架门机另有规定)。夜间工作,机上及作业区域应有足够的照明,臂杆及竖塔顶部应有警戒信号灯。

(三)施工用电安全规定

(1)现场(临时或永久)110 V 以上的照明线路必须绝缘良好,布统整齐且应相对固定,并经常检查维修,照明灯悬挂高度应在 2.5 m 以上,经常有车辆通过之处,悬挂高度不得小于 5 m。

(2)行灯电压不得超过 36 V,在潮湿地点、坑井、洞内和金属容器内部工作时,行灯电压不得超过 12 V,行灯必须带有防护网罩。

(3)110 V 以上的灯具只可作固定照明用,其悬挂高度一般不得低于 2.5 m,悬挂高

度低于 2.5 m 时应设保护罩,以防人员意外接触。

(四) 爆破施工安全规定

(1)爆破材料在使用前必须检验,凡不符合技术标准的爆破材料一律禁止使用。

(2)装药前,非爆破作业人员和机械设备均应撤离至指定安全地点或采取防护措施。撤离之前不得将爆破器材运到工作面。装药时,严禁将爆破器材放在危险地点或机械设备和电源、火源附近。

(3)爆破工作开始前,必须明确规定安全警界线,制订统一的爆破时间和信号,并在指定地点设安全哨,执勤人员应有红色袖章、红旗和口笛。

(4)爆破后炮工应检查所有装药孔是否全部起爆,如发现瞎炮,应及时按照瞎炮处理的规定妥善处理;未处理前,必须在其附近设警戒人员看守,并设明显标志。

(5)地下相向开挖的两端在相距 30 m 以内时,放炮前必须通知另一端暂停工作,退到安全地点;当相向开挖的两端相距 15 m 时,一端应停止掘进,单头贯通。

(6)地下井挖洞室内空气含沼气或二氧化碳浓度超过 1%时,禁止进行爆破作业。

(五) 土方施工安全规定

(1)严禁使用掏根搜底法挖土或将坡面挖成反坡,以免塌方造成事故。如土坡上发现有浮石或其他松动突出危石,应通知下面工作人员离开,立即进行处理。弃料应存放到远离边线 5.0 m 以外指定地点。如发现边坡有不稳现象,应立即进行安全检查和处理。

(2)在靠近建筑物、设备基础、路基、高压铁塔、电杆等附近施工时,必须根据土质情况、填挖深度等制订出具体防护措施。

(3)凡边坡高度大于 15 m,或有软弱夹层存在、地下水比较发育以及岩层面或主要结构面倾向与开挖面倾向一致,且二者走向变角小于 45°时,岩石允许边坡值另外论证。

(4)在边坡高于 3 m、陡于 1∶1 的坡上工作时须挂安全绳,在湿润的斜坡上工作应有防滑措施。

(5)施工场地的排水系统应有足够的排水能力和备用能力。一般应比计算排水量加大 50%~100%进行准备。

(6)排水系统的设备应有独立的动力电源(尤其是洞内开挖),并保证绝缘良好,动力线应架起。

第三节　施工单位安全保证体系

对于某一施工项目,施工的安全控制,从其本质上讲是施工承包人的份内工作。施工现场不发生安全事故,可以避免不必要损失的发生,保证工程的质量和进度,有助于工程项目的顺利进行。因此,作为监理人,有责任和义务督促或协助施工承包人加强安全控制。所以,施工安全控制体系,包括施工承包人的安全保证体系和监理人的安全控制(监督)体系。监理人一般应建立安全科(小组)或设立安全工程师,并督促施工承包人建立和完善施工安全控制组织机构,由此形成安全控制网络。

一、管理职责

(一)安全管理目标

制定工程项目的安全管理目标。

(1)项目经理为施工项目安全生产第一责任人,对安全施工负全面责任。

(2)安全目标应符合国家法律法规要求,形成方便员工理解的文件,并保持实施。

(二)安全管理组织

施工项目应对从事与安全有关的管理、操作和检查人员规定其职责、权限,并形成文件。

二、安全管理体系

(一)安全管理原则

(1)安全生产管理体系应符合工程项目的施工特点,且符合安全生产法规的要求。

(2)形成文件。

(二)安全施工计划

(1)针对工程项目的规模、结构、环境、技术含量、资源配置等因素进行安全生产策划,内容主要包括:

①配置必要的设施、装备和专业人员,确定控制和检查的手段和措施。

②确定整个施工过程中应执行的安全规程。

③冬季、雨季、雪天和夜间施工时安全技术措施及夏季的防暑降温工作。

④确定危险部位和过程,对风险大和专业性强的施工安全问题进行论证。

⑤因工程的特殊要求需要补充的安全操作规程。

(2)根据策划的结果,编制安全保证计划。

三、采购机制

(1)施工单位对自行采购的安全设施所需的材料、设备及防护用品进行控制。确保符合安全规定的要求。

(2)对分包单位自行采购的安全设施所需的材料、设备及防护用品进行控制。

四、施工过程安全控制

(1)应对施工过程中可能影响安全生产的因素进行控制,确保施工项目按照安全生产的规章制度、操作规程和程序进行施工。

①进行安全策划,编制安全计划。

②根据项目法人提供的资料对施工现场及其受影响的区域内地下障碍物进行清除或采取相应措施对周围道路管线采取保护措施。

③落实施工机械设备、安全设施及防护品进场计划。

④制订现场安全专业、特种作业和施工人员管理规定。

⑤检查各类持证上岗人员资格。

⑥检查、验收临时用电设施。

⑦施工作业人员操作前,对施工人员进行安全技术交底。

⑧对施工过程中的洞口、高处作业所采取的安全防护措施,应规定专人进行检查。

⑨对施工中采用明火采取审批措施,现场的消防器材及危险物的运输、储存、使用应得到有效的管理。

⑩搭设或拆除的安全防护设施、脚手架、起重设备,如当天未完成,应设置临时安全措施。

(2)应根据安全计划中确定的特殊的关键过程,落实监控人员,确定监控方式、措施并实施重点监控,必要时应实施旁站监控。

①对监控人员进行技能培训,保证监控人员行使职责与权利不受干扰。

②对危险性较大的悬空作业、起重机械安装和拆除等危险作业,编制作业指导书,实施重点监控。

③有关部门应及时处理对事故隐患的信息反馈。

五、安全检查、检验和标识

(一)安全检查

(1)施工现场的安全检查,应执行国家、行业、地方的相关标准。

(2)应组织有关专业人员,定期对现场的安全生产情况进行检查,并保存记录。

(二)安全设施所需的材料、设备及防护用品的进货检验

(1)应按安全计划和合同的规定,检验进场的安全设施所需的材料、设备及防护用品,是否符合安全使用的要求,确保合格品投入使用。

(2)对检验出的不合格品进行标识,并按有关规定进行处理。

(三)过程检验和标识

(1)按安全计划的要求,对施工现场的安全设施、设备进行检验,只有通过检验的设备才能安装和使用。

(2)对施工过程中的安全设施进行检查验收。

(3)保存检查记录。

六、事故隐患控制

对存在隐患的安全设施、过程和行为进行控制,确保不合格设施不使用、不合格过程不通过、不安全行为不放过。

七、纠正和预防措施

(1)对已经发生或潜在的事故隐患进行分析,并针对存在问题的原因采取纠正和预防措施,纠正或预防措施应与存在问题的危害程度和风险相适应。

(2)纠正措施。

①针对产生事故的原因记录调查结果,并研究防止同类事故所需的纠正措施。

②对存在事故隐患的设施、设备、安全防护用品,先实施处置并做好标识。

（3）预防措施。

①针对影响施工安全的过程审核结果、安全记录等，以发现、分析、消除事故隐患的潜在因素。

②对要求采取的预防措施，制订所需的处理步骤。

③对预防措施实施控制，并确保落到实处。

八、安全教育和培训

（1）安全教育和培训应贯穿施工过程全过程，覆盖施工项目的所有人员，确保未经过安全生产教育培训的员工不得上岗作业。

（2）安全教育和培训的重点是管理人员的安全意识和安全管理水平，操作者遵章守纪、自我保护和提高防范事故的能力。

第四节　施工安全技术措施审核和施工现场安全控制

一、施工安全技术措施

（一）施工安全技术措施的概念

施工安全技术措施是指为防止工伤事故和职业病的危害，从技术上采取的措施；在工程项目施工中，针对工程特点、施工现场环境、施工方法、劳力组织、作业方法使用的机械、动力设备、变配电设施、架设工具以及各项安全防护设施等制订的确保安全施工的预防措施，称为施工安全技术措施。施工安全技术措施是施工组织设计的重要组成部分。

（二）施工安全技术措施审核

水利水电工程施工的安全问题是一个重要问题，这就要求在每一单位工程和分部工程开工前，监理人单位的安全工程师首先要提醒施工承包人注意考虑施工中的安全措施。施工承包人在施工组织设计或技术措施中，必须充分考虑工程施工的特点，编制具体的安全技术措施，尤其是对危险工种要特别强调安全措施。工程在审核施工承包人的安全措施时的要点如下：

（1）安全措施要有超前性。应在开工前编制，在工程图纸会审时就应考虑到施工安全。因为开工前已编审了安全技术措施。用于该工程的各种安全设施有较充分的时间做准备。由于工程变更设计情况变化，为保证各种安全设施的落实，安全技术措施也应及时相应补充完善。

（2）要有针对性。施工安全技术措施是针对每项工程特点而制订的，编制安全技术措施的技术人员必须掌握工程概况、施工方法、施工环境，条件等第一手资料，并熟悉安全法规、标准等才能编写有针对性的安全技术措施，主要从以下几个方面考虑：

①针对不同工程的特点可能造成施工的危害，从技术上采取措施，消除危险，保证施工安全。

②针对不同的施工方法，如井巷作业、水上作业、提升吊装，大模板施工等可能给施工带来不安全因素。

③针对使用的各种机械设备、变配电设施给施工人员可能带来危险因素,从安全保险装置等方面采取的技术措施。

④针对施工中有毒有害、易燃易爆等作业可能给施工人员造成的危害,采取措施,防止伤害事故。

⑤针对施工现场及周围环境可能给施工人员或周围居民带来的危害,以及材料、设备运输带来的不安全因素,从技术上采取措施,予以保护。

(3)安全控制措施的可靠性。可靠性主要从以下几个方面考虑:

①考虑全面。

a. 充分考虑了工程的技术和管理的特点。

b. 充分考虑了安全保证要求的重点和难点。

c. 予以全过程、全方位的考虑。

d. 对潜在影响因素较为深入的考虑。

②依据充分。

a. 采用的标准和规定合适。

b. 依据的试验成果和文献资料可靠。

③设计正确。

a. 对设计方法及其安全保证度的选择正确。

b. 设计条件和计算简图正确,计算公式正确。

c. 按设计计算结果提出的结论和施工要求正确、适度。

④规定明确。

a. 技术与安全控制指标的规定明确。

b. 对检查和验收的结果规定明确。

c. 对隐患和异常情况的处理措施明确。

d. 管理要求和岗位责任制度明确。

e. 作业程序和操作要求规定明确。

⑤便于落实。

a. 无执行不了的和难以执行的规定和要求。

b. 有全面落实和严格执行的保证措施。

c. 有对执行中可能出现的情况和问题的处理措施。

⑥能够监督。

a. 单位的监控要求不低于政府和上级的监控。

b. 措施和规定全面纳入了监控要求。

(4)安全技术措施中的安全限控要求。

施工安全的限控要求是对施工技术措施在执行中的安全控制点以及施工中可能出现的其他事故因素做出相应的限制、控制的规定和要求。

①施工机具设备使用安全的限控要求。包括自身状况、装置和使用条件、运行程序和操作要求、运行工况参数(负载、电压等)。

②施工设施(含作业的环境条件)安全限控的要求。施工设施是指在建设工地现场

和施工作业场所所设置的,为施工提供所需生产、生活、工作与作业条件的设施。包括现场围挡和安全防护设施,场地、道路、排水设施,现场消防设施,现场生产设施以及环境保护设施等。它们的共同特点是临时性。

安全作业环境则为实现施工作业安全所需的环境条件。包括安全作业所需要的作业环境条件;施工作业对周围环境安全的保证要求;确保安全作业所需要的施工设施和安全措施;安全生产环境(包括安全生产管理工作的状况及其单位、职工对安全的重视程度)。

③施工工艺和技术安全的限控要求。包括材料、构件、工程结构、工艺技术、施工操作等。

(5)注意对施工承包人的施工总平面图的安全技术要求审查。施工平面图布置是一项技术性很强的工作,若布置不当,不仅会影响施工进度,造成浪费,还会留下安全隐患。施工布置安全审查着重审核易燃、易爆及有毒物质的仓库和加工车间的位置是否符合安全要求;电气线路和设备的布置与各种水平运输、垂直运输线路布置是否符合安全要求;高边坡开挖、洞井开挖布置是否有适合的安全措施。

(6)对方案中采用的新技术、新工艺、新结构、新材料、新设备等,特别要审核有无相应的安全技术操作规程和安全技术措施。

对施工承包人的各工种的施工安全技术,审核其是否满足《水利工程施工安全防护设施技术规范》(SL 714—2015)和《水利水电工程施工通用安全技术规程》(SL 398—2007)规定的要求。在施工中,常见的施工安全控制措施有以下几方面:

①高空施工安全措施。

a.进入施工现场必须戴安全帽。

b.悬空作业必须佩戴安全带。

c.高空作业点下方必须设置安全网。

d.楼梯口、预留洞口、坑井口等,必须设置围栏、盖板或架网。

e.临时周边应设置围栏或安全网。

f.脚手架和梯子结构牢固,搭设完毕要办理验收手续。

②施工用电安全措施。

a.对常带电设备,要根据其规格、型号、电压等级、周围环境和运行条件,加强保护,防止意外接触,如对裸导线或母线应采取封闭、高挂或设置罩盖等绝缘、屏护遮栏,保证安全距离等措施。

b.对偶然带电设备,如电机外壳、电动工具等,要采取保护接地或接零、安装漏电保护器等办法。

c.检查、修理作业时,应采用标志和信号来帮助作业者做出正确的判断,同时要求他们使用适当的保护用具,防止触电事故发生。

d.手持式照明器或危险场所照明设备,要求使用安全电压。

e.电气开关位置要适当,要有防雷措施,坚持一机一箱,并设门、锁保护。

③爆破施工安全控制措施。

a.充分掌握爆破施工现场周围环境,明确保护范围和重点保护对象。

b.正确设计爆破施工方案,明确安全技术措施。

c.严格炮工持证上岗制度,并努力提高他们的安全意识,要求按章作业。

d.装药前,严格检查炮眼深度、方位、距离是否符合设计方案。

e.装药后检查孔眼预留堵塞长度是否符合要求,检查覆盖网是否连接牢固。

f.坚持爆破效果分析制度,通过检查分析来总结经验和教训,制订改进措施和预防措施。

二、部分工程安全技术措施审查

(1)土石方工程。开挖顺序和开挖方法;机械的选择及其安全作业条件;边坡的设计;深基坑边坡支护;清运作业安全;降水和防流沙措施;防滑坡和其他土石方坍塌措施;雨期施工安全措施。

(2)爆破工程。爆炸材料的运输和储存保管;爆破方案;引爆和控制爆破作业;防飞石、冲击波、灰尘的安全措施;瞎炮和爆破异常情况处置预案。

(3)脚手架工程。搭设高度;施工荷载;升降机构和升降操作;搭设和安装质量控制;防倾和防坠装置。

(4)模板工程。模板荷载的计算和控制;高支撑架的构造参数;对拉螺栓和连接构造;模板装置的高空拆除。

(5)安(吊)装工程。构件运输、拼装和吊装方案;最不利吊装工况的验算;起重机带载移动的验算;临时加固、临时固定措施;重要工程吊装系统的指挥和联络信号;吊装过程异常状态的处置预案。

三、施工现场安全控制

安全工程师在施工现场进行安全控制的任务有:施工前安全措施落实情况检查,施工过程中安全检查和控制。

(一)施工前安全措施落实情况检查

在施工承包人的施工组织设计或技术措施中,应对安全措施做出计划。由于工期、经费等原因,这些措施常得不到贯彻落实。因此,安全工程师必须在施工前到现场进行实地检查。检查的办法是将施工平面图如安全措施计划及施工现场情况进行比较,指出存在问题,并督促安全措施的落实。

(二)施工过程中的安全检查形式及内容

安全检查是发现施工过程中不安全行为和不安全状态的重要途径,是消除事故隐患、落实整改措施、防止事故伤害、改善劳动条件的重要方法。

施工过程中进行安全检查形式有:企业或项目定期组织的安全检查;各级管理人员的日常巡回检查、专业安全检查;季节性和节假日安全检查;班组自我检查、交接检查。

施工过程中进行安全检查主要内容有:查思想,即检查施工承包人的各级管理人员、技术干部和工人是否树立了“安全第一、预防为主”的思想,是否对安全生产给予足够的重视。查制度,即检查安全生产的规章制度是否建立、健全和落实。如对一些要求持证上岗的特殊工种,上岗工人是否证照齐全。特别是承包人的各职能部门是否切实落实了安全生产的责任制。查措施,即检查所制订的安全措施是否有针对性,是否进行了安全技术措施交底,安全设施和劳动条件是否得到改善。查隐患,事故隐患是事故发生的根源,大量事故隐患的存在,必然导致事故的发生。因此,安全工程师还必须在查隐患上下功夫,对查出的事故隐患要提出整改措施,落实整改的时间和人员。

(三)安全检查方法

施工过程中进行安全检查,其常用的方法有一般检查方法和安全检查表法。

(1)一般检查方法。常采用看、听、嗅、问、查、测、验、析等方法。

看,看现场环境和作业条件,看实物和实际操作,看记录和资料等。听,听汇报、听介绍、听反映、听意见、听机械设备运转响声等。嗅,对挥发物、腐蚀物等气体进行辨别。问,对影响安全问题,详细询问。查,查明数据,查明问题,查清原因,追查责任。测,测量、测试、监测。验,进行必要的试验或化验。析,分析安全事故的隐患、原因。

(2)安全检查表法。这是一种原始的、初步的定性分析方法,它通过事先拟定的安全检查明细表或清单,对安全生产进行初步的诊断和控制。

第五节　安全生产监督管理

一、监督部门和主要职责

水行政主管部门和流域管理机构按照分级管理权限,负责水利工程建设安全生产的监督管理。水行政主管部门或者流域管理机构委托的安全生产监督机构负责水利工程施工现场的具体监督检查工作。

水利部负责全国水利工程建设安全生产的监督管理工作,其主要职责是:

(1)贯彻、执行国家有关安全生产的法律、法规和政策,制订有关水利工程建设安全生产的规章、规范性文件和技术标准。

(2)监督、指导全国水利工程建设安全生产工作,组织开展对全国水利工程建设安全生产情况的监督检查。

(3)组织、指导全国水利工程建设安全生产监督机构的建设、考核和安全生产监督人员的考核工作,以及水利水电工程施工单位的主要负责人、项目负责人和专职安全生产管理人员的安全生产考核工作。

二、流域管理机构职责

流域管理机构负责所管辖的水利工程建设项目的安全生产监督工作。省、自治区、直辖市人民政府水行政主管部门负责本行政区域内所管辖的水利工程建设安全生产的监督管理工作,其主要职责是:

(1)贯彻、执行有关安全生产的法律、法规、规章、政策和技术标准,制订地方有关水利工程建设安全生产的规范性文件。

(2)监督、指导本行政区域内所管辖的水利工程建设安全生产工作,组织开展对本行政区域内所管辖的水利工程建设安全生产情况的监督检查。

(3)组织、指导本行政区域内水利工程建设安全生产监督机构的建设工作,以及有关的水利水电工程施工单位的主要负责人、项目负责人和专职安全生产管理人员的安全生产考核工作。

市、县级人民政府水行政主管部门水利工程建设安全生产的监督管理职责,由省、自治区、直辖市人民政府水行政主管部门规定。

三、其他监督机构和人员

水行政主管部门或者流域管理机构委托的安全生产监督机构,应当严格按照有关安全生产的法律、法规、规章和技术标准,对水利工程施工现场实施监督检查。

安全生产监督机构应当配备一定数量的专职安全生产监督人员。安全生产监督机构以及安全生产监督人员应当经水利部考核合格。

水行政主管部门或者其委托的安全生产监督机构应当自收到《水利工程建设安全生产管理规定》第九条和第十一条规定的有关备案资料后 20 d 内,将有关备案资料抄送同级安全生产监督管理部门。流域管理机构抄送项目所在地省级安全生产监督管理部门,并报水利部备案。

四、采取监督措施

水行政主管部门、流域管理机构或者其委托的安全生产监督机构依法履行安全生产监督检查职责时有权采取下列措施:

(1)要求被检查单位提供有关安全生产的文件和资料。

(2)进入被检查单位施工现场进行检查。

(3)纠正施工中违反安全生产要求的行为。

(4)对检查中发现的安全事故隐患,责令立即排除;重大安全事故隐患排除前或者排除过程中无法保证安全的,责令从危险区域内撤出作业人员或者暂时停止施工。

五、举报制度

各级水行政主管部门和流域管理机构应当建立举报制度,及时受理对水利工程建设生产安全事故及安全事故隐患的检举、控告和投诉;对超出管理权限的,应当及时转送有管理权限的部门。举报制度应当包括以下内容:

(1)公布举报电话信箱或电子邮件地址,受理对水利工程建设安全生产的举报。

(2)对举报事项进行调查核实,并形成书面材料。

(3)督促落实整顿措施,依法做出处理。

思考题

1.参建各方的安全生产责任有哪些?

2.施工常见的不安全因素有哪些?

第十章　南水北调工程质量管理实践

南水北调工程是缓解我国北方水资源短缺和生态环境恶化状况、促进水资源整体优化配置的重大战略性基础设施。南水北调工程事关战略全局、事关长远发展、事关人民福祉。党中央、国务院高度重视南水北调工程质量,强调坚持质量第一、坚持进度服从质量,明确质量是南水北调工程建设管理的核心任务,要求努力把南水北调工程建设成为质量一流的工程。

第一节　南水北调工程概况

一、工程总体规划和实施

1952 年 10 月,毛泽东主席视察黄河时提出"南方水多,北方水少,如有可能,借点水来也是可以的"战略构想。基于 50 多种规划方案的分析比较,分别在长江下游、中游、上游规划了 3 个调水区,形成了南水北调工程东线、中线、西线 3 条调水线路。根据 2002 年国务院批复的《南水北调工程总体规划》,东线、中线、西线三条调水线路与长江、淮河、黄河、海河相互联接,构成我国中部地区水资源"四横三纵、南北调配、东西互济"的总体格局。

(一) 东线工程

东线工程利用江苏省已有的江水北调工程,逐步扩大调水规模并延长输水线路。东线工程从长江下游扬州江都抽引长江水,利用京杭大运河及与其平行的河道逐级提水北送,并连接起调蓄作用的洪泽湖、骆马湖、南四湖、东平湖。出东平湖后分两路输水:一路向北,在位山附近经隧洞穿过黄河输水到天津;另一路向东,通过胶东地区输水干线经济南输水到烟台、威海。一期工程调水主干线全长 1 466.50 km,其中长江至东平湖 1 045.36 km,黄河以北 173.49 km,胶东输水干线 239.78 km,穿黄河段 7.87 km。规划分三期实施。

(二) 中线工程

中线工程从加坝扩容后的丹江口水库陶岔渠首闸引水,沿线开挖渠道,经唐白河流域西部过长江流域与淮河流域的分水岭方城垭口,沿黄淮海平原西部边缘,在郑州以西李村附近穿过黄河,沿京广铁路西侧北上,可基本自流到北京、天津。输水干线全长 1 431.945 km(其中,总干渠 1 276.414 km,天津输水干线 155.531 km)。规划分两期实施。

(三) 西线工程

西线工程在长江上游通天河、支流雅砻江和大渡河上游筑坝建库,开凿穿过长江与黄河分水岭巴颜喀拉山的输水隧洞,调长江水入黄河上游。西线工程的供水目标,主要是解决涉及青海、甘肃、宁夏、内蒙古、陕西、山西等 6 省(自治区)黄河上中游地区和渭河关中平原的缺水问题。结合兴建黄河干流上的大柳树水利枢纽等工程,还可以向临近黄河流域的甘肃河西走廊地区供水,必要时也可向黄河下游补水。规划分三期实施。

3 条调水线路互为补充,不可替代。本着"三先三后"(先节水后调水,先治污后通水,先环保后用水)、适度从紧、需要与可能相结合的原则,南水北调工程规划最终调水规模 448 亿 m^3,其中东线 148 亿 m^3、中线 130 亿 m^3、西线 170 亿 m^3,建设时间需 40~50 年。整个工程将根据实际情况分期实施。

二、工程建设管理体制总体框架顶层设计

根据《南水北调工程总体规划》,南水北调工程实行"政府宏观调控、准市场机制运作、现代企业管理和用水户参与"的体制原则,顶层设计了政府行政监管、工程建设管理和决策咨询 3 个方面的工程建设管理体制总体框架。具体为政府管理机构、项目管理机构(项目法人、建设单位)、专家委员会 3 个层面 5 个部分。其中,政府管理机构包括领导机构、办事机构;项目管理机构分为工程建设管理机构(项目法人)和项目建设管理机构;国务院南水北调工程建设委员会专家委员会是决策咨询机构(见图 10-1)。

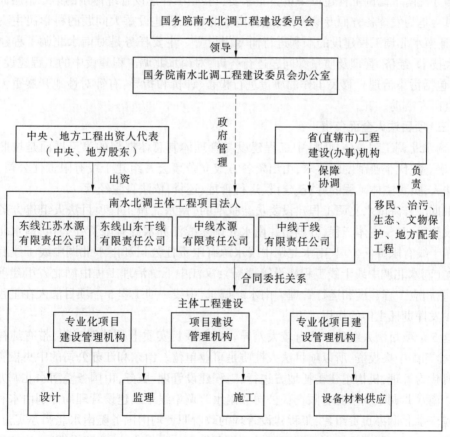

图 10-1 项目法人组建方案中的主体工程建设管理体制总体框架❶

---

❶ 图片来源:《南水北调工程项目法人组建方案》附录。

(一)领导机构及其办事机构

《南水北调工程总体规划》将工程建设管理体制总体框架分为 3 个层面。第一层面是国务院南水北调工程建设委员会,由国务院总理(副总理)任主任,有关部门、省(直辖市)政府负责同志为成员。其主要职能是制定南水北调工程建设、运行的有关方针和政策,负责协调和决策工程建设与管理的重大问题。沿线各省(直辖市)南水北调工程建设委员会或领导小组是地方南水北调工程的高层次协调决策机构。其任务是决定本省(直辖市)南水北调主体工程与配套工程建设的重大方针、政策、措施和其他重大问题。

国务院南水北调工程建设委员会和各省的南水北调工程领导机构均下设办公室,负责日常工作。办公室为领导机构的办事机构,直接对领导机构负责。沿线各省(直辖市)南水北调工程领导机构下设办事机构主要职责是承担本省、市南水北调配套工程建设的政府行政管理职能,并协调配合省、市政府职能部门做好节水、治污、征地、移民、生态环境与文物保护等社会层面的管理工作。

(二)专家委员会权威咨询

国务院南水北调工程建设委员会专家委员会是工程建设管理体制的第二个层面。专家委员会是为发挥各方面专家作用、完善南水北调工程建设重大问题的科学民主决策机制,保证南水北调工程建设的顺利进行而专门设立。主要任务是对南水北调工程建设中的重大技术、经济、管理及质量等问题进行咨询;对南水北调工程建设中的工程建设、生态建设(包括污染治理)、移民工作的质量进行检查、评价和指导;有针对性地开展重大专题的调查研究活动。

(三)项目法人全面负责

《南水北调工程总体规划》中工程建设与管理体制总体框架的第三层面是按照政企分开,建立现代企业制度的要求,由出资各方成立董事会并组建干线有限责任公司,作为项目法人,负责主体工程的筹资、建设、运行管理、还贷,依法自主经营。

根据国务院南水北调工程建设委员会批准的《南水北调工程项目法人组建方案》,工程建设阶段,对于主体工程,分别组建南水北调东线江苏水源有限责任公司、南水北调东线山东干线有限责任公司、南水北调中线水源有限责任公司和南水北调中线干线有限责任公司(南水北调中线干线工程建设管理局);汉江中下游治理工程由湖北省组建项目法人,负责相应工程建设和运行管理。南水北调东、中线一期工程 5 个项目法人在工程建设管理中发挥责任主体的作用。

这 5 个项目法人组建方式有较大差异。湖北项目实质上是补偿工程,带有纯粹的公益性,全部由中央投资,所以项目法人性质是事业单位。山东和江苏公司的中央投资由地方暂时代为管理,机构组建委托地方进行,工程建设管理、服务,由国务院南水北调办归口管理。南水北调中线水源有限责任公司和南水北调中线干线建设管理局分别由水利部和国务院南水北调办负责组建,工程建设管理的政府职责均由国务院南水北调办实施。

南水北调工程项目法人是工程建设和运营管理的责任主体,在建设期间,主体工程的项目法人对主体工程的质量、安全、进度、筹资和资金使用负总责。其主要任务是依据国家有关南水北调工程建设的法律、法规、政策、措施和决定,负责组织编制单项工程初步设计,负责落实主体工程建设计划和资金,对主体工程质量、安全、进度和资金等进行管理,为工程建成后的运行管理提供条件,协调工程的外部关系。

随着工程建设的推进,在总体框架基础上逐渐细化、完善,形成的南水北调工程建设管理体制如图 10-2 所示。

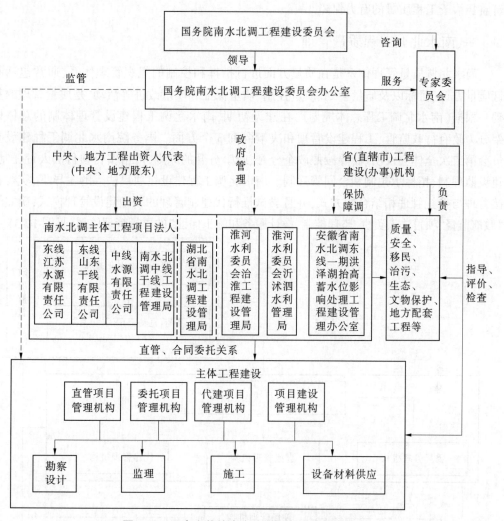

图 10-2　逐步完善的南水北调工程建设管理体制

2020 年 10 月 23 日,中国南水北调集团有限公司经国务院批准,正式成立,是根据《中华人民共和国公司法》设立,由中央直接管理的国有独资有限公司,是关系国家水资源安全和国民经济命脉的大型国有重点骨干企业。

第二节　南水北调工程质量管理与监督

南水北调东线、中线一期主体工程 2014 年全面通水。截至 2023 年 2 月,工程累计调水突破 600 亿 m³(含东线一期北延应急供水工程),惠及沿线 42 座大中城市 280 多个县(市、区),直接受益人口超过 1.5 亿,发挥了巨大的经济效益、社会效益和生态综合效益。

实践证明,党中央关于南水北调工程的决策是完全正确的。南水北调工程经受了极寒天气、河南郑州 2021 年"7·20"特大暴雨、最大设计流量等风险和工况考验,保障了正常供水。在这条不可或缺的供水生命线背后,体现了建设期南水北调工程质量管理体系和政府监督给予工程质量的有力保障。

一、南水北调工程质量管理

南水北调质量管理体系是在质量方面进行指挥和控制的组织管理体系,通常包括制订质量方针、目标以及质量策划、质量控制、质量保证和质量改进等活动,是质量管理的基础。根据《南水北调工程总体规划》,在建设初期,南水北调工程建设管理体制的总体框架分为政府行政监管、工程建设管理和决策咨询 3 个方面。国务院南水北调工程建设委员会第二次全体会议明确,要按照政企分开、政事分开的原则,严格实行项目法人责任制、建设监理制、招标承包制和合同管理制。南水北调工程建设在项目法人的主导下,实行直接管理与委托管理相结合的方式,并且尝试推行代建制管理的新型建设管理模式,确立了"政府监督、项目法人负责、监理控制、设计服务和施工保证"的质量管理体系(见图 10-3)。

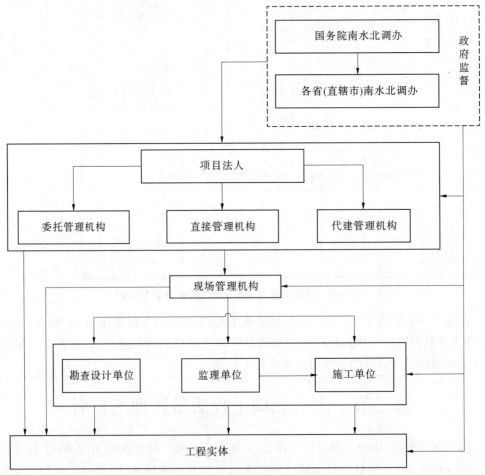

图 10-3　南水北调工程质量管理体系

（一）政府质量监督体系

南水北调工程的特殊性，无论是工程本身特点还是外部建设环境，都决定了南水北调工程不能参照其他工程原有的管理经验，其政府质量监督体系必须通过体制、机制、制度、措施等方面的创新才能贯彻既定的"质量第一，规范管理，利国利民"工程质量方针，实现"争创优质精品工程"的质量目标。

1. 组织体系

为保证南水北调工程建设质量，国务院南水北调工程建设委员会办公室（简称国务院南水北调办）建立了以监督司、监管中心、稽查大队为中坚力量的"三位一体"质量监管体系，对参建方的质量行为和工程实体质量进行监督，对工程质量问题进行分析、认定和责任追究。国调办质量监管"三位一体"组织体系如图 10-4 所示。

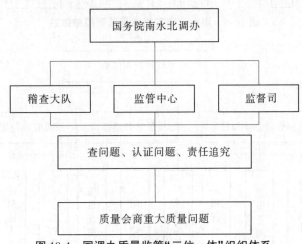

图 10-4　国调办质量监管"三位一体"组织体系

2. 质量监管措施体系

为适应南水北调工程质量管理特点，根据不同建设阶段的实际情况，国务院南水北调办适时调整和创新质量监管措施。建设期初，采用的质量监管措施主要包括监督、稽查和巡查等，对保证工程质量起到了一定的作用。随着工程的推进及社会建设大环境的变化，国务院南水北调办适时调整措施，特别是进入高峰期和关键期之后，国务院南水北调办采取了新的质量监管措施以适应高压质量监管的需要，包括质量问题的集中整治、质量问题有奖举报、质量飞检、关键工序考核、站点监督、专项稽查、质量问题会商、信用管理等，形成了南水北调工程"查、认、改、罚"的质量监管措施体系，如图 10-5 所示。

（二）项目法人质量控制体系和监理单位质量控制制度

为实现对南水北调工程建设质量的有效控制，各项目法人制订完善的质量控制体系，包括控制标准、主要控制点及措施、监督检查组织机构，进行实时质量测量和监督检查（见图 10-6）。

工程东、中线一期工程包含 2 700 多个单位工程，约有 207 个工程监理标段，共 50 家监理单位。监理单位受项目法人委托，对南水北调工程建设项目实施中的质量、进度、资金、安全等进行管理，是施工质量过程控制中的重要力量，在质量管理体系中具有至关重

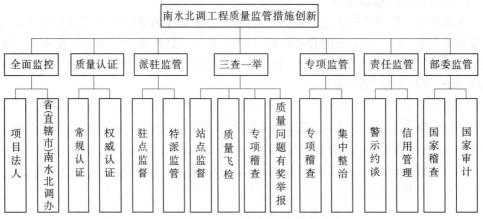

图 10-5　南水北调工程质量监管措施体系

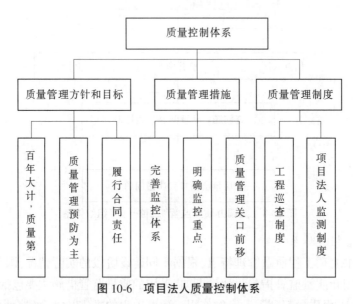

图 10-6　项目法人质量控制体系

要的作用。监理单位受建设单位委托,按照监理合同,对工程建设参建者的行为进行监控和督导。建设监理单位根据国家有关工程建设的法律、法规、规程、规范和批准的项目建设文件、工程建设合同、建设监理合同,坚持"守法、诚信、公正、科学"的原则,控制工程建设的投资、进度、质量,实施环境保护和安全文明施工管理,协调建设各方的关系。为做好工程质量控制,各监理单位制订了比较完善的质量控制制度(见图 10-7)。

(三)设计、施工单位质量保证体系

1. 设计方质量保证体系

设计质量是工程质量安全保障的源头和根本。南水北调工程各设计单位充分认识到国家对南水北调工程质量的要求以及工程建设可能遭遇的严峻挑战,担负起工程设计质量职责,认真履行合同义务。为了保证设计图纸质量,提高设计单位服务水平,各设计单位制订了全方位的质量保证体系。

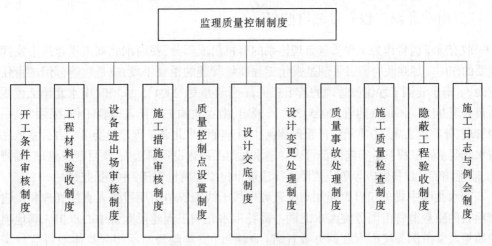

图 10-7　监理单位质量控制制度

2.施工方质量保证体系

为认真贯彻国务院南水北调办、各省(直辖市)南水北调办和南水北调项目法人的各种质量管理规定,以保证南水北调工程施工质量,南水北调工程各施工单位确立了质量目标,制订了全方位的质量保证体系(见图 10-8)。

图 10-8　施工方质量保证体系

南水北调质量管理体系的实施为南水北调工程的平稳、安全运行提供了有力保障。质量管理是南水北调工程建设至关重要的环节和内容,在国内建筑市场诚信缺失、建设人员伦理缺位的大背景下,在项目法人单位(建设单位)、监理单位、设计单位、施工单位存在各种质量违规行为、工程实体质量问题屡禁不止的大环境下,市场这只看不见的手鞭长莫及,政府质量监督管理就显得十分重要。

二、南水北调工程质量政府监督

政府质量监督作为工程质量管理体系的有机组成部分,在南水北调工程建设中发挥了重要的作用。加强政府监督管理是强化工程质量管理的重要手段,也是监管部门的责任和使命。《南水北调工程建设管理的若干意见》(国调办发〔2004〕5 号)和《南水北调工程质量监督管理办法》(国调办建管〔2005〕33 号)规定,南水北调工程质量监督工作,采用"统一集中管理、分项目实施"的质量监督管理体制。国务院南水北调工程建设委员会办公室依法对南水北调主体工程质量实施监督管理。南水北调工程建设项目法人、项目建设管理、勘测设计、监理、施工、设备供应等单位依照法律法规承担工程质量责任,并接受监督。

南水北调中线丹江口大坝加高工程和中线干线工程中由项目法人直接管理和代建管理项目的质量监督由国务院南水北调办委托南水北调工程建设监管中心承担。其他项目的质量监督由国务院南水北调办委托省(直辖市)质量监督站承担。具体项目监督实施情况见图 10-9。

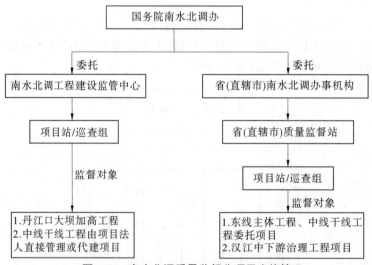

图 10-9　南水北调质量监督分项目实施情况

南水北调工程质量监督机构包括国务院南水北调办在南水北调主体工程所在省(直辖市)设立南水北调工程省(直辖市)质量监督站和受国务院南水北调办委托承担质量监督管理工作的南水北调工程建设监管中心,以及根据情况设立的质量监督项目站和巡回抽查组等。

《南水北调工程建设管理的若干意见》(国调办发〔2004〕5 号)和《南水北调工程质量监督管理办法》(国调办建管〔2005〕33 号)规定,南水北调工程质量监督采用巡回抽查和派驻项目站现场监督相结合的工作方式,建安工程量超过 5 亿元人民币的工程建设项目,一般应派驻项目站。南水北调工程质量政府监督体系见图 10-10。

南水北调工程质量监管之路是工程基本建设领域的一次伟大实践,水利行业对江河湖泊的监管、对部分在建重大水利工程的质量监管已经做出更进一步的实践应用。

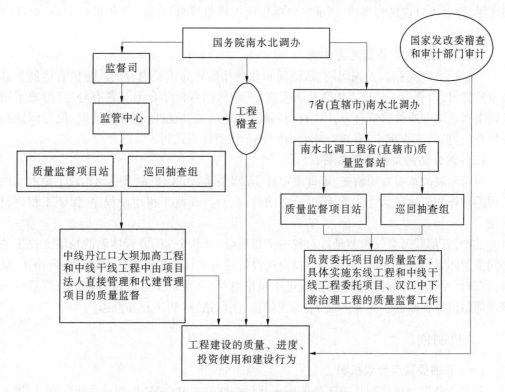

图 10-10 南水北调工程质量政府监督体系

第三节 南水北调工程质量监管工作创新

质量是南水北调工程的生命及根本意义所在,关乎人民生命财产安危,关乎广大群众福祉,关乎国民经济发展,是南水北调工程建设成败的关键。党中央、国务院对南水北调工程建设质量高度关注,多次作出重要批示,要求"按照规划,精心设计、精心施工、严格管理,高水平、高质量地完成各项建设任务""质量是生命线,是核心任务,容不得半点疏忽,不能给工程留隐患,不能给后代留遗憾"。国务院南水北调工程建设委员会办公室认真贯彻党中央、国务院对工程建设质量的指示,不断完善体制机制,创新建设质量监管制度体系,革新工作方法,严格日常监管,保证工程质量经得住、经得起历史检验。

一、质量监管体制创新

(一)三级质量监督管理体系

在政府质量监督层面,国务院南水北调办结合工程特点,在沿线各省(直辖市)设立省级南水北调办公室(建管),各省(直辖市)南水北调办公室(建管局)为提高工作效率,分区域设立建设管理处,形成三级政府质量监督体系。

项目法人层面,以中线为例,组建了中线建管局作为项目法人,后又根据工程管理需要成立渠首分局、河南分局、河北分局、天津分局、北京分局等,各分局为提高工程建设管理水平,设立项目现场管理部,形成三级项目法人质量管理体系。各级职权清晰、责任明确、运转高效。

(二)"三位一体"质量监管体制

"三位一体"是指以发现问题、认证问题和责任追究为主要内容的质量监管体制。具体由监督司、监管中心和稽查大队负责实施,三个部门有机结合但又各有分工,形成了国务院南水北调办质量监管合力,以"查找问题、认定问题、质量问题责任追究、质量问题整改督查"为监管工作重点,支撑"三位一体"质量监管体系运行。

(三)对外协同质量监管体系

国家发展改革委专项稽查、审计署审计、五部委联席会议机制等共同构成了南水北调工程的对外协同质量监管体系,借助更多的外部力量,规范工程建设程序,保证工程建设质量。

其中,五部联席会议机制是针对我国工程质量"条块分割"监管体制的缺陷而提出的协同监管体系,旨在加强与工程项目投资建设管理有关行政主管部门之间的横向协调、联系,打破行业和地方保护主义壁垒,促进质量信息共享,维护工程建设市场的有序、统一。该项质量监管体制创新充分体现了"不留隐患、不留遗憾"的决心和意志。

二、机制创新

(一)五部委联席会议机制

五部委联席会议机制是指国务院南水北调办联合水利部、住房和城乡建设部、国家工商行政管理总局、国务院国有资产监督管理委员会等针对南水北调工程而建立的联席议事机制。南水北调工程建设联席会议由国务院南水北调办负责召集,每半年一次。国务院南水北调办通过实施"三位一体"质量监管体制和"查、认、罚"等质量监管工作,建立形成以政府质量监督、稽查、飞检等信息为基础的质量管理信息库。通过五部委联席会议机制,质量管理信息库不再是"摆设",而成为了全国建筑市场信用体系的重要组成部分,将成为单位或个人资质、资格升降的重要参考,也就是说任何违规的质量管理行为(单位或个人)都将付出惨痛代价。五部委联席会议机制是南水北调工程质量监管持续保持高压态势的有力抓手。

(二)信用机制

南水北调工程建设时期,我国工程建设领域的信用建设仍处于一个相对较低的水平,工程参建单位或人员冒着道德、处罚等风险降低工程建设标准的行为时有发生,这些不利的外部环境对南水北调建设优质工程造成了严重阻碍。为此,国务院南水北调办从信用管理着手,优胜劣汰,保障南水北调工程质量。

国务院南水北调办对从业人员素质资格、企业资质等级、合同履约情况和企业历史情况等内容,结合南水北调工程建设特点,分别建立了南水北调工程施工企业信用档案和南水北调工程监理企业信用档案,信用数据来源于国务院南水北调办、各省(直辖市)南水北调办(建管局)历次质量巡查、质量飞检、专项稽查、举报调查等检查数据。国务院南水北调办根据信用档案信息对施工企业和监理单位进行信用评级,并在中国南水北调网定期发布和通报。信用管理机制对于施工和监理单位提高质量责任意识、提高建设管理水平具有重要意义,对规范建筑市场将起到良好的示范作用。

(三)考核奖惩机制

南水北调工程考核奖惩机制涉及质量监督人员、项目法人、关键工序施工质量等各层面,从上到下、又自下而上,实现工程质量的高效监管和有效激励。为加强南水北调工程质量监督人员管理,增强质量监督人员工作责任心,提高质量监督工作效率,对质量监督人员实行考核制度,并制定了《南水北调工程质量监督人员考核办法》,考核包括季度和年度考核,监管中心根据考核结果对质量监督人员进行奖惩。

为调动项目法人积极性,提高建设管理水平,国务院南水北调办于2011年颁布了《南水北调工程项目法人年度建设目标考核奖励办法(试行)》,国务院南水北调办以《南水北调工程建设目标责任书》确定的年度目标为依据,每年对项目法人进行一次考核并根据考核结果进行奖励。为加强对现场参建单位的考核,国务院南水北调办颁布了《南水北调工程现场参建单位建设目标考核奖励办法(试行)》,进一步把直接参与工程建设与管理的施工、监理、勘测设计单位派驻工地现场机构、项目现场建管部等纳入考核范围。

关键工序施工质量行为的控制是南水北调工程质量行为控制的关键,是施工质量监管的重中之重。2012年,施工监管关口前移,国务院南水北调办印发《南水北调工程建设关键工序施工质量考核奖惩办法(试行)》,通过严格关键工序的考核标准和具体考核措施,确保工程质量在最基础施工环节不出问题,从而保证工程质量整体受控。关键工序的质量考核按照分级负责、分级考核的模式组织进行,各部门或单位各司其职又紧密配合,形成了一个系统的关键工序考核组织体系。

(四)社会有效监管机制

为实现南水北调工程"精品工程、放心工程、廉洁工程"的建设目标,国务院南水北调办在系统内采取持续质量监管高压态势,在系统外广泛发动社会各界提供线索、加强举报,主动接受社会监督,推行有奖举报。社会举报进一步助力质量隐患排除,特别是能够发现一些常规监管手段难以监管到或未引起充分重视的深层次质量问题,对于加强南水北调工程质量监管,维护工程建设环境,促进工程建设顺利进行起到了重要作用。

三、制度创新

质量监管制度是工程质量各种行为的具体规范。南水北调工程规模大、战线长、涉及领域多、技术复杂、建设周期长,质量要求高,对相应的质量监管制度提出了新的要求。国务院南水北调办为适应这种高质量的要求,规范质量行为,对质量监管制度进行了诸多创新,并形成了一系列操作性强、规范质量行为显效的质量监管制度性文件,包括《南水北调工程质量问题责任追究管理办法》(国调办监督〔2012〕239号)、《南水北调工程质量责任终身制实施办法(试行)》、《南水北调工程建设信用管理办法(试行)》(国调办监督〔2013〕25号)、《南水北调工程建设关键工序施工质量考核奖惩办法(试行)》、《关于加强南水北调工程质量关键点监督管理工作的意见》、《南水北调工程建设举报奖励细则》等。梳理归类,南水北调工程质量监管制度创新可以从质量问题查找、质量问题认证、质量问题责任追究等方面总结。

(1)专项稽查制度。包括《南水北调工程稽查管理办法》《质量专项稽查实施方案》

《南水北调工程建设稽查工作手册》《南水北调工程建设稽查专家聘用管理办法》等制度文件。

（2）监督巡查制度。南水北调工程在常规站点监督的基础上，投入力量增加了定期监管、派驻监管、特派监管、联合监管、质量排查等多种监督巡查方式，强化站点监督成效。

（3）质量飞检制度。2011 年 4 月，稽查大队成立，通过稽查大队高频次、不事先通知的质量飞检，尤其是国务院南水北调办领导高频次带队飞检，形成了及时发现、快速反应的质量监管工作作风。

（4）重点项目监管制度。包括高填方渠段、重要跨渠建筑物基础及隐蔽工程、干线工程桥梁桩柱结合问题处理等重点项目专项监管。

（5）质量问题认证制度。质量问题认证是落实"三位一体"质量监管体系，做到查后不疑、罚有铁证的重要环节。

（6）质量问题责任追究制度。质量问题责任追究措施主要包括会商处罚和督促整改，颁发的制度主要有《南水北调工程建设质量问题责任追究管理办法》（国调办监督〔2012〕239 号）、《南水北调工程建设合同监督管理办法》、《关于对南水北调工程中发生质量、进度、安全等问题的责任单位进行网络公示的通知》、《关于进一步加强南水北调工程建设管理的通知》和《质量监管工作会商制度》等，工作方式有国调办月商季处、月商月处、即时处罚和五部联处等。

（7）质量管理评价制度。为了对质量监管单位、各参建单位质量管理行为和工程实体质量进行评价，国务院南水北调办颁发了《南水北调工程质量管理评价指标体系》，研究确定质量管理评价指标，建立质量管理评价指标体系，综合评价南水北调东、中线一期工程建设质量管理变化趋势。该质量管理评价体系经过实际运用，在一定程度上定量真实地反映了南水北调工程质量管理水平。

四、措施方法创新

为了更好地落实各种工程质量监管制度，提高监管效率，保证工程质量，国务院南水北调办结合工程实际，对质量监管措施方法进行了一系列的创新，主要有加强部署、完善制度、加大监管、专业认证、严究责任、重点监管和联合行动等措施。

（1）加强部署，实施宏观管控指导。国务院南水北调办先后召开百余次主任专题办公会，深入分析工程质量状况和形势，研究部署质量管理工作机制；明确"高压高压再高压、延伸完善抓关键"的工作思路，强化质量监管措施，构建以发现问题、认证问题和责任追究为核心的"三位一体"质量监管工作体系；以"零容忍"的态度和决心对质量问题责任单位和责任人进行从严从重处罚，促使参建各方牢固树立"质量第一"意识，不断规范质量行为。

（2）完善制度，强化质量管理责任。率先在全国工程建设领域落实质量责任终身制，颁布《南水北调工程质量责任终身制实施办法（试行）》，明确对工程质量责任主体单位、责任人员信息实行实名登记，将有关责任终身制落实到人。制定了《南水北调工程建设质量问题责任追究管理办法》（国调办监督〔2012〕239 号），细化质量管理责任，构建量化统一、累计加重和多措并举的责任追究标准，科学快速判定质量问题的性质和等级，准确追究质量问题责任单位和责任人,强化参建单位和人员的质量意识、诚信意识,制定了《南水北调工程建设信用管理办法(试行)》(国调办监督〔2013〕25号)和《关于强化南水北调工程建设施工、监理、设计单位信用管理工作的通知》,实施信用评价,强化信用管理,严惩信用不可信单位。制定了《南水北调工程关键工序施工质量考核奖惩办法(试行)》、《关于加强南水北调工程质量关键点监督管理工作的意见》(国调办监督〔2012〕297号),突出重点,紧盯关键,实施重点监管。

(3)增强力量,加大质量监管力度。强化"三查一举"质量监管措施,全方位查找质量问题,在工程建设进入高峰以后,专门抽调60余人成立南水北调工程建设稽查大队对工程建设质量实施飞检,组成5人小组,不定期地随机赴施工现场开展高频度质量检查;建立56人的质量特派监管队伍,分建筑物、渠道、桥梁3个质量监管组,对重点项目实施特派监管,对质量问题整改实施专项跟检。在东、中线设立75个质量监督站点,区片联合、上下联动,进行质量巡查;建立工程稽查专家库,不定期实施工程稽查,项目法人完善质量管理机构,充实质量管理人员,加强现场监督力量。

(4)专业认证,认定质量问题性质。加强质量检测能力建设,运用先进检测仪器、设备,聘请有资质的权威检测机构,开展质量认证和专业检测,准确判定质量问题性质,为质量问题责任追究和问题整改提供科学依据,对建筑物混凝土强度、密实性,钢筋数量、间距、保护层,对渠道土方填筑质量,以及工程的关键部位和重要隐蔽工程进行质量检测,发现和暴露隐蔽性质量问题。

(5)严究责任,从重处罚责任单位。国务院南水北调办通过开展季度、月度、即时责任追究,对质量问题责任单位和责任人,实施通报批评、留用察看、清退出场等责任追究。对严重质量问题、典型问题,即时通告、通报工程建设所有参建单位和有关上级主管单位;通过《南水北调手机报》、中国南水北调网公示责任追究情况,全线警示、举一反三。在责任追究基础上实施信用评价,对存在严重质量问题责任单位评价为信用不可信单位。对工程实体质量好、行为规范的单位评价为信用优秀单位。多措并举、高压严打、奖优罚劣,务求质量监管实效。

(6)专项整治,集中查改质量问题。国务院南水北调办每年组织开展工程质量集中整治专项行动,提高全系统质量意识。国务院南水北调办领导分别带队,赴工程沿线,检查工程质量,整治所有在建工程项目实体质量问题和质量违规行为。开展"三清除一降级一吊销"活动,专项整治监理单位违规行为;开展再加高压行动,整治严重质量问题;开展质量问题整改"回头看"活动,集中消除实体质量问题和质量违规行为。

(7)重点监管,强化质量过程管理。抓住关键、突出重点,明确渠道、桥梁、混凝土建筑物工程质量重点监管项目和重点监管内容,明确参建单位的质量管理责任、监督管理单位职责,实施重点监管。

(8)有奖举报,主动接受社会监督。在南水北调东、中线工程沿线的显著位置,每隔5km设立有奖举报公告牌,公布举报受理电话、电子邮箱、奖励措施等,接受包括工程质量、安全、资金等在内的问题举报。实施24 h不间断接报,做到有报必受、受理必查、查实必究。对于实名举报,如情况属实,在追究责任单位和责任人的同时,对举报人给予奖励。通过有奖举报,接受社会对南水北调工程质量的监督。

（9）通水检查，消除影响通水问题。通水前，组织重点排查、质量巡查和质量评价，深入查改影响通水的质量问题。按渠道、建筑物、桥梁工程类型，分别明确重点排查内容，建立质量问题台账，实施质量问题销号制。对直接影响通水和可能影响通水的质量隐患，明确整改责任、时限，强化质量问题整改。

（10）联合行动，全力消除质量隐患。利用重点工程和全线充水试验，分区段开展联合行动，以查促巡、以商督改、以点促面、以压促快，深入研判问题、坚决整改问题。以发现和处理影响通水的质量问题为重点，开展拉网式巡查，对重点部位深入排查，对质量问题即时规定整改时限、销号要求，建立典型质量问题快报，第一时间警示告诫，责成建管单位举一反三、以点带面，强化检查和问题整改；编辑典型质量问题集，组织设计单位编制质量问题研判方案，提出问题研判标准、检查方法和处理措施，全力消除质量隐患和影响通水质量问题。

（11）加强协作，建立质量监管联动机制。充分发挥资质资格管理在质量管理中的作用，国务院南水北调办联合水利部、住房和城乡建设部、国家工商行政管理总局、国务院国有资产监督管理委员会等部委建立南水北调工程建设联席会议机制，对南水北调工程质量实施联合监管。配合国家发展改革委重大项目稽查办对南水北调工程质量实施的稽查活动。

第四节　工作启示和经验推广

南水北调一期工程自通水运行以来，经受了汛期运行、冰期输水等考验，机电设备运转正常，调度协调通畅，工程运行安全平稳、效益显著。事实表明，面对工程高峰期、关键期工程建设内外部困境，国务院南水北调办以高度的责任心和历史使命感，在自身职权范围内竭尽所能地大力度监管质量的成效显著。南水北调工程质量监管之路是工程基本建设领域的一次伟大实践，水利行业对江河湖泊的监管、对部分在建重大水利工程的质量监管已经做出更进一步的实践应用。

一、质量认识占位高

质量是工程的生命及根本意义所在，是决定工程建设成败的关键。南水北调工程具有规模大、战线长、涉及领域多、技术复杂、建设周期长、质量要求高等特点，质量管理是南水北调工程建设至关重要的环节与内容。为了保证南水北调工程质量，国务院南水北调办始终把质量监管作为核心任务来抓，国务院南水北调办领导始终保持质量监管的战略定力，以身作则、带头践行、精益求精，在质量监管工作方面全程保持高压严管态势；即使在进度压力空前的情况下，也始终贯彻高压严管工程质量的总体思路。

正是这种高瞻远瞩的工程质量监管指导思想，确保了质量管理工作始终走在正确的道路上，为高质量地完成工程建设打下坚实基础。

二、体制、机制和方法创新是保证工程质量的关键

无论工程规模大小，工程质量无小事。紧紧围绕工程特点和建筑市场现状，建立健全

以质量责任制为核心的质量监管体制机制,是保证工程质量的关键。国务院南水北调办结合南水北调工程特点、分析建设环境、统筹规划、整体布局,适时创新具有特色的"横向到边、竖向到底"和"三位一体""五部联处"的质量监管体制,完善并加强了南水北调工程的质量监管组织体系,确立以"查、认、罚"为内容、以责任追究为核心的质量监管机制,确保了南水北调工程质量。

国务院南水北调办高度重视工程质量管理,始终坚持预防为主、加强监管的工作理念和方法,创新实行"三查一举"质量监管措施。南水北调工程点多线长,参建单位众多,质量管理难度很大,国务院南水北调办通过不断强化"查、认、罚",督促各参建单位诚实守信,严格责任、严控过程、严管重点,敢于动真碰硬,持续保持质量管理高压态势。对监督检查中发现的风险隐患及时排除,不放任风险隐患的存在和发展;对发现的违法违规行为,发现一件,查实一件,追究一件,做到质量问题"零容忍",确保工程质量。通过认真细致、坚持不懈的监管工作,把质量隐患消灭在萌芽状态。

三、上下联动、通力配合是规范质量行为的长效途径

就工程而言,参建主体往往涉及众多,项目法人、施工单位等任何一方的懈怠都可能带来严重的质量隐患。充分调动、激发各方参建主体和参建人员的工作积极性和创造热情,以高度的集体荣誉感和责任感,胸怀全局,各司其职,密切配合,形成统一指挥、整体联动、运转高效的工作体系,难题共解、难关共闯,方能推动工程建设扎实、有序、保质地进展。

南水北调工程是个有机整体,南水北调系统是个完整团队。一段不通,全线无功,坚持全系统内外协作、上下联动,是规范工程质量行为的长效途径。国务院南水北调办采取有效措施在系统内充分调动省(直辖市)南水北调办、项目法人及各建设单位的积极性、主动性和创造性,发挥项目法人、建管单位的质量管理作用,形成了上下联动、片区结合、协同配合的质量监管局面。

南水北调工程实行政府监督,项目法人负责,建设管理单位和监理单位控制,施工单位保证的质量管理和保证体系。项目法人是工程质量的责任主体,通过建立健全内部质量管理体系,落实质量管理机构与人员,完善质量管理规章制度,建立责任制和责任追究制,采取有效措施,加强对勘测设计、监理、施工单位质量工作的管理。

为确保南水北调工程质量,破除我国工程建设领域施工、监理单位水平良莠不齐的弊病,国务院南水北调办对施工单位、监理单位构建了信用管理机制,建立信用档案,定期进行信用评价,优胜劣汰。

国务院南水北调办大力推行有奖举报,充分发挥社会监督作用,把举报视为抓监管、保质量、促安全的一项重要手段,纳入"三位一体"和"三查一举"质量监管工作体系,为有奖举报工作的顺利开展奠定了坚实的基础。充分发挥400多块举报公告牌、举报受理中心和举报电话等作用,做到"有报必接、受理必查、查实必究、核实必奖",震慑了各种违法违规行为,疏导和化解了各种不稳定因素,保证了工程质量、促进了工程建设。

国务院南水北调办联合水利部、住房和城乡建设部、国家工商行政管理总局、国务院国有资产监督管理委员会等部委,建立了南水北调工程建设联席会议机制,共同部署南水

北调工程质量管理工作,共同应对质量监管工作中发现的问题。

四、抓落实、抓关键是质量监管的重中之重

国务院南水北调办始终根据南水北调工程的建设特点抓质量监管,尤其是工程建设进入高峰期、关键期后,进一步梳理出质量关键点和混凝土建筑物、渠道、跨渠桥梁等重点监管项目,采取了一系列的措施,出重拳,用重典,加大力度查找质量问题,从重责任追究,对风险项目、影响通水目标的项目,实施挂牌督办、驻点监管、特派监管,从严从速督促整改,消除隐患,提高质量监管工作的主动性、针对性和时效性,严防质量意外。将渠道、渡槽、倒虹吸、水闸、跨渠桥梁 5 类工程的 11 处关键工程部位,涉及 15 项关键工序、15 个关键质量控制指标,确定为质量关键点。按照分级负责、分级管理的原则,切实落实质量关键点的管理责任,做到了质量管理事半功倍。

体制、机制和方法的创新建立和健全属于质量监管的"顶层设计",但其落实与执行情况才是日常质量监管工作的重中之重。国务院南水北调办始终坚持制度建设与落实、执行并重,通过培训、宣贯、会议等形式进行制度宣讲,确保各参建单位以及质量管理单位认识到位、理解到位、执行到位。整个工程建设过程中,国务院南水北调办通过考核、评比和检查等监管手段督促有关单位严格执行落实制度要求,质量监管实现制度化、规范化。

新时代,南水北调工程必将以优良的工程质量在坚持服务国家战略、服务人民需要、服务生态建设,确保南水北调工程安全、供水安全、水质安全,大力推进南水北调后续工程高质量发展,加快建设国家水网主骨架、大动脉,为全面建设社会主义现代化国家提供有力的水安全保障,在服务和融入新发展格局中展现新作为。

思考题

1. 南水北调工程的质量管理体系是什么?
2. 南水北调工程质量管理工作的启示和经验有哪些?

附　录

附录 1

项目划分

工程类别	单位工程	分部工程	说明
一、拦河坝工程	(一)土质心(斜)墙土石坝	1. 地基开挖与处理； △2. 地基防渗； △3. 防渗心(斜)墙； ★4. 坝体填筑； 5. 排水； 6. 上游坝面护坡； 7. 下游坝面护坡； 8. 坝顶； 9. 护岸及其他； 10. 观测设施	视工程量及施工部署可分为数个分部工程； 　含坝体、坝面及地基排水； 　含马道、梯步、排水沟； 　含防浪墙、栏杆、路面、灯饰等
	(二)均质土坝	1. 地基开挖与处理； △2. 地基防渗； ★3. 坝体填筑； 4. 排水； 5. 上游坝面护坡； 6. 下游坝面护坡； 7. 坝顶	视工程量及施工部署可分为数个分部工程； 　含坝体、坝面及地基排水； 　含马道、梯步、排水沟； 　含防浪墙、栏杆、路面及灯饰等
	(三)混凝土面板堆石坝	1. 地基开挖与处理； △2. 趾板及地基防渗； △3. 混凝土面板及接缝止水； 4. 垫层与过渡层； 5. 堆石体； 6. 下游坝面护坡	视工程量及施工部署可划为数个分部工程

续表

工程类别	单位工程	分部工程	说明
一、拦河坝工程	(四)沥青混凝土防渗体斜(心)墙土石坝	1. 地基开挖与处理； △2. 地基防渗； △3. 沥青混凝土斜(心)墙； ★4. 坝体填筑； 5. 排水； 6. 上游坝面护坡； 7. 下游坝面护坡； 8. 坝顶； 9. 护岸及其他； 10. 观测设施	含反滤层； 视工程量及施工部署可分为数个分部工程； 含坝体、坝面排水； 含马道、排水沟、梯步； 含防浪墙、栏杆、路面及灯饰等
	(五)复合土工膜斜(心)墙土石坝	1. 地基开挖与处理； 2. 地基防渗； △3. 土工膜斜(心)墙； ★4. 坝体填筑； 5. 排水； 6. 上游坝面护坡； 7. 下游坝面护坡； 8. 坝顶； 9. 护岸及其他； 10. 观测设施	含垫层及过渡层； 视工程量及施工部署可分为数个分部工程； 含坝体、坝面排水； 含马道、梯步、排水沟； 含防浪墙、路面、栏杆、灯饰等
	(六)混凝土(含碾压混凝土)重力坝	1. 地基开挖与处理； 2. 地基防渗与排水； 3. 非溢流坝段； △4. 溢流坝段； ★5. 引水坝段； 6. 厂坝联结段； ★7. 底孔坝段； 8. 坝体接缝灌浆； 9. 廊道及坝内交通； 10. 坝顶	视工程量和施工部署可分为数个分部工程； 不包括坝体引水工程,含河床式电站

续表

工程类别	单位工程	分部工程	说明
一、拦河坝工程	（七）混凝土（含碾压混凝土）拱坝	1. 地基开挖与处理； 2. 地基防渗排水； 3. 非溢流坝段； △4. 溢流坝段； ★5. 底孔坝段； 6. 坝体接缝灌浆； 7. 廊道； 8. 消能防冲； 9. 坝顶； △10. 推力墩（重力墩、翼坝）； △11. 周边缝； △12. 铰座； 13. 金属结构及启闭机安装； 14. 观测设施	视工程量及施工部署可划分为数个分部工程； 含栏杆、路面、灯饰等； 仅限于有周边缝拱坝； 仅限于铰拱坝
	（八）浆砌石重力坝	1. 地基开挖与处理； 2. 地基防渗与排水； 3. 非溢流坝段； △4. 溢流坝段； ★5. 引水坝段； 6. 厂坝联结段； ★7. 底孔坝段； △8. 坝面（坝体）防渗； 9. 坝体接缝灌浆； 10. 廊道及坝内交通； 11. 坝顶； 12. 消能防冲工程； 13. 观测设施； 14. 金属结构及启闭机安装	视工程量及施工部署可划分为数个分部工程； 不包括坝体引水工程，含河床式电站； 含栏杆、路面、灯饰等； 大型工程可划分为数个分部工程

续表

工程类别	单位工程	分部工程	说明
一、拦河坝工程	(九)浆砌石拱坝	1. 地基开挖与处理； 2. 地基防渗与排水； 3. 非溢流坝段； △4. 溢流坝段； ★5. 底孔坝段； △6. 坝面(坝体)防渗； 7. 坝体接缝灌浆； 8. 廊道； 9. 消能防冲； 10. 坝顶； △11. 推力墩(重力墩、翼坝)； 12. 金属结构及启闭机安装； 13. 观测设施	视工程量及施工部署可划分为数个分部工程； 含栏杆、路面、灯饰等
二、泄洪工程	(一)溢洪道工程(含陡槽溢洪道、侧堰溢洪道、竖井溢洪道)	△1. 地基防渗与排水； 2. 进口引水段 △3. 闸室段(或溢流堰)； 4. 泄水段； 5. 消能防冲段； 6. 尾水段； 7. 护坡及其他； 8. 金属结构及启闭机安装	视工程量可划分为数个分部工程
	(二)泄洪洞(含放空洞)	△1. 进水口或竖井(土建)； 2. 有压泄水段； 3. 无压泄水段； △4. 工作闸门段(土建)； 5. 出口消能段； 6. 尾水段； 7. 金属结构及启闭机安装	视工程量可划分为数个分部工程

续表

工程类别	单位工程	分部工程	说明
三、引水工程	(一)坝体引水工程(含发电、灌溉、工业及生活取水口工程)	△1. 进水闸室段(土建); 2. 引水段; 3. 厂坝联结段; 4. 金属结构及启闭机安装	底坎及其以上部分
	(二)引水隧洞及压力管道工程	△1. 进水闸室段(土建); 2. 隧洞开挖与衬砌; 3. 调压井; △4. 压力管道段; 5. 回填与固结灌浆; 6. 金属结构及启闭机安装	视工程量划分为数个分部工程
	(三)引水渠道工程	△1. 进口闸室段(土建); 2. 明渠、暗渠; 3. 渠道主要建筑物; △4. 前池; 5. 溢流堰及冲沙建筑; 6. 金属结构及启闭机安装	视工程量可分为数个分部工程
四、发电工程	(一)地面发电厂房工程	1. 进口段; 2. 安装间; 3. 主机段(土建); 4. 尾水段; 5. 尾水渠; 6. 副厂房、中控室; △7. 水轮发电机组安装; 8. 辅助设备安装; 9. 电气设备安装; 10. 通信系统; 11. 金属结构及启闭(起重)设备安装; △12. 主厂房房建工程; 13. 厂区交通、排水及绿化	闸坝式; 每台机组段为一个分部工程; 每台机组为一个分部工程; 电气一次、电气二次可分列分部工程; 拦污栅、进口及尾水闸门启闭机、桥式起重机可单列分部工程

续表

工程类别	单位工程	分部工程	说明
四、发电工程	(二)地下发电厂房工程	1. 安装间； 2. 主机段(土建)； 3. 尾水段； 4. 尾水洞； 5. 副厂房、中控室； 6. 交通隧洞； 7. 出线洞； 8. 通风洞； △9. 水轮发电机组安装； 10. 辅助设备安装； 11. 电气设备安装； 12. 金属结构及启闭(起重)设备安装； 13. 通信系统； 14. 砌体及装修工程	每台机组段为一分部工程； 每台机组为一分部工程； 尾水闸门启闭机、桥式起重机可单列分部工程
	(三)坝内式发电厂房工程	△1. 进水口闸室段(土建)； 2. 压力管道； 3. 安装间； 4. 主机段(土建)； 5. 尾水段； 6. 副厂房及中控室； △7. 水轮发电机组安装； 8. 辅助设备安装； 9. 电气设备安装； 10. 通信系统； 11. 交通廊道； 12. 金属结构及启闭(起重)设备安装； 13. 砌体及装修工程	每台机组段为一分部工程； 每台机组为一分部工程； 拦污栅、进口及尾水闸门启闭机、桥式起重机可单列分部工程
五、升压变电工程	地面升压变电站、地下升压变电站	1. 变电站(土建)； 2. 开关站(土建)； 3. 操作控制室； △4. 主变压器安装； 5. 其他电气设备安装； 6. 交通洞	仅限于地下升压站

续表

工程类别	单位工程	分部工程	说明
六、渠道工程	（一）进水闸	1.进口段； △2.闸室段（土建）； 3.泄水段； △4.消能防冲工程； 5.沉沙设施； 6.金属结构及启闭机安装	
	（二）分水闸、 节制闸、 泄水闸、 冲砂闸	1.进口段； △2.闸室段（土建）； 3.交通桥； △4.消能防冲工程； 5.下游连接段； 6.金属结构及启闭机安装	
	（三）隧洞	1.进口段； △2.洞身段； △3.隧洞灌浆； 4.出口段	洞身段含洞身开挖与衬砌，可视工程量按桩号分为数个分部工程
	（四）渡槽	1.基础工程； 2.进出口段； △3.槽身； △4.支承结构	视工程量分为数个分部工程
	（五）公路桥 或机耕桥		人行桥列入相应明渠分部工程
	（六）倒虹吸 管道工程 （指规模较 大的倒虹吸 管道工程）	1.进口段； △2.管道段； 3.出口段； 4.金属结构及启闭机安装	视工程量分为数个分部工程

续表

工程类别	单位工程	分部工程	说明
六、渠道工程	(七)涵洞(指与铁路、公路及河流交叉的大型涵洞)	1. 进口段; △2. 洞身; 3. 出口	视工程量分为数个分部工程
	(八)干渠或支渠	1. 明渠; 2. 陡坡、跌水; 3. 暗渠; 4. 沿渠小型建筑物; 5. 沿渠公路	视工程量分为数个分部工程
	(九)管理房屋[指管理站(点)的生活及生产用房、不含闸房]		闸房列入闸室分部工程
七、堤防工程	(一)堤身工程	1. 堤基处理工程; △2. 堤身填(浇、砌)筑工程(包括土堤填筑工程、混凝土堤浇筑工程、浆砌石堤砌筑工程及混合堤工程)	视工程量及长度可划分为数个分部工程,混合堤可按不同工种划分分部工程
	(二)堤岸防护工程	△1. 坡式护岸工程; 2. 墙式护岸工程; 3. 其他防护工程	
	(三)交叉、联结建筑工程(包括涵闸、公路桥及其他跨河工程)	参照渠道工程(一)、(二)、(三)、(五)、(六)、(七)、(八)划分分部工程	如建筑物工程量不大,可以单个建筑物为分部工程
	(四)管理设施工程	△1. 观测设施; 2. 交通工程; 3. 通信工程; 4. 生产和生活设施工程	

注:表中加"△"者为主要分部工程;加"★"者可定为主要分部工程,也可定为一般分部工程,视实际情况决定。

附录 2

表 1　混凝土单元工程质量评定表（有工序）

单位工程名称		单元工程量	
分部工程名称		施工单位	
单元工程名称、部位		评定日期	年　月　日

项次	工序名称	工序质量等级
1	基础面或混凝土施工缝处理	
2	模板	
3	△钢筋	
4	止水、伸缩缝和排水管安装	
5	△混凝土浇筑	

评定意见	单元工程质量等级
工序质量全部合格,主要工序——钢筋、混凝土浇筑两工序质量　　　　,工序质量优良率为　　%	

施工单位		年　月　日	建设（监理）单位	年　月　日

表 1-1 混凝土单元工程质量评定表(例表)

单位工程名称	混凝土大坝	单元工程量	混凝土 788 m³:
分部工程名称	溢流坝段	施工单位	×××水利水电 第二工程局
单元工程名称、部位	5#坝段, V2.5~V4.0 m	评定日期	××××年××月××日

项次	工序名称	工序质量等级
1	基础面或混凝土施工缝处理	优良
2	模板	合格
3	△钢筋	优良
4	止水、伸缩缝和排水管安装	合格
5	△混凝土浇筑	优良

评定意见	单元工程质量等级
工序质量全部合格,主要工序——钢筋、混凝土浇筑两工序质量优良,工序质量优良率为 60.0%	优良

施工单位	××× ××××年××月××日	建设(监理) 单位	××× ××××年××月××日

表2　岩石边坡开挖单元工程质量评定表（无工序）

单位工程名称			单元工程量		
分部工程名称			施工单位		
单元工程名称、部位			检验日期		年　　月　　日

项次	检查项目	质量标准		检验记录	
1	△保护层开挖	浅孔、密孔、少药量、火炮爆破			
2	△平均坡度	小于或等于设计坡度			
3	开挖坡面	稳定、无松动岩块			

项次	检测项目		设计值	允许偏差/cm	实测值	合格数/点	合格率/%
1	坡脚标高			+20 −10			
2	坡面局部超欠挖	斜长 小于或等于15 m		+30 −20			
3		斜长 大于15 m		+50 −30			

检测结果	共检测　　　点,其中合格　　　点,合格率　　　%

评定意见	单元工程质量等级
主要检查项目全部符合质量标准。一般检查项目　　　质量标准。检测项目实测点合格率　　　%。	

施工单位	年　　月　　日	建设(监理)单位	年　　月　　日

表 2-1　岩石边坡开挖单元工程质量评定表(例表)

单位工程名称	混凝土大坝	单元工程量	1 117 m³,423 m²
分部工程名称	溢流坝段	施工单位	×××水利水电第二工程局
单元工程名称、部位	5#坝段边坡开挖	检验日期	××××年××月××日

项次	检查项目	质量标准	检验记录
1	△保护层开挖	浅孔、密孔、少药量、火炮爆破	(见附页)
2	△平均坡度	小于或等于设计坡度(设计边坡 1:0.5)	抽查 6 个断面,坡度为 1:0.52~1:0.76
3	开挖坡面	稳定、无松动岩块	坡面稳定、无松动岩块

项次	检测项目		设计值	允许偏差/cm	实测值(单位:项次 1 m,项次 2 cm)	合格数/点	合格率/%
1	坡脚标高		−10 m	+20 −10	−10.05,−9.95,−10.00, −10.11,−10.17,−9.90, −10.18,−10.01,−9.86, −10.12,−10.13,−9.93	11	91.6
2	坡面局部超欠挖	斜长 小于或等于 15 m		+30 −20	+7,+16,+3,−15,−2 +8,−10,−23,+11,+5 −12,−5,−4,+21	13	92.9
3		斜长 大于 15 m		+50 −30	—		

检测结果	共检测 26 点,其中合格 24 点,合格率 92.3%

评定意见	单元工程质量等级
主要检查项目全部符合质量标准。一般检查项目符合质量标准。检测项目实测点合格率92.3%。	优良

施工单位	××× ××××年××月××日	建设(监理)单位	××× ××××年××月××日

表3　造孔灌注桩基础单元工程质量评定表

单位工程名称				单元工程量					
分部工程名称				施工单位					
单元工程名称、部位				检验日期			年　月　日		

项次	检查项目		质量标准	各孔检测结果							
				1	2	3	4	5	6	7	8
1	钻孔	孔位偏差	单桩、条形桩基沿垂直轴线方向和群桩基础边桩的偏差小于1/6桩设计直径,其他部位桩的偏差小于1/4桩径								
2		孔径偏差	+10 cm　　−5 cm								
3		△孔斜率	<1%								
4		△孔深	不得小于设计孔深								
5	清孔	△孔底淤积厚度	端承桩小于或等于10 cm;摩擦桩小于或等于30 cm								
6		孔内浆液密度	循环1.15~1.25 g/cm³,原孔造浆1.1 g/cm³左右								
7	混凝土浇筑	导管埋深	埋深大于1 m,小于或等于6 m								
8		钢筋笼安放	符合设计要求								
9		△混凝土上升度	≥2 m/h或符合设计要求								
10		混凝土坍落度	18~22 cm								
11		混凝土扩散度	34~38 cm								
12		浇筑最终高度	符合设计要求								
13		△施工记录、图表	齐全、准确、清晰								
各孔质量评定											
本单元工程内共有　　孔,其中优良　　孔,优良率　　%											

混凝土质量指标和桩的载荷测试	说明情况和测试成果
评定意见	单元工程质量等级
单元工程内,各灌注桩全部达到合格标准,其中优良桩有　　%,混凝土抗压强度保证率为　　%	

施工单位	年　月　日	建设(监理)单位	年　月　日

表 3-1　造孔灌注桩基础单元工程质量评定表（例表）

单位工程名称			抽水站		单元工程量		桩基长度为 180 m，混凝土 141 m³			
分部工程名称			进水口段排桩		施工单位		×××水利水电第三工程局			
单元工程名称、部位			90#~881#		检验日期		××××年××月××日			
项次	检查项目		质量标准	各孔检测结果							
				1	2	3	4	5	6	7	8
1	钻孔	孔位偏差	单桩、条形桩基沿垂直轴线方向和群桩基础边桩的偏差小于 1/6 桩设计直径，其他部位桩的偏差小于 1/4 桩径	√	√	√	√	√	√	√	√
2		孔径偏差	+10 cm　　−5 cm	√	√	√	√	√	√	√	√
3		△孔斜率	<1%	√	√	√	√	√	√	√	√
4		△孔深	不得小于设计孔深（10 m）	√	√	√	√	√	√	√	√
5	清孔	△孔底淤积厚度	端承桩小于或等于 10 cm；摩擦桩小于或等于 30 cm	√	√	√	√	√	√	√	√
6		孔内浆液密度	循环 1.15~1.25 g/cm³，原孔造浆 1.1 g/cm³ 左右	√	√	√	√	√	√	√	√
7		导管埋深	埋深大于 1 m，小于或等于 6 m	√	√	√	√	√	√	√	√
8		钢筋笼安放	符合设计要求（见附页）	√	√	√	√	√	√	√	0
9	混凝土浇筑	△混凝土上升速度	≥2 m/h 或符合设计要求	√	√	√	√	√	√	√	√
10		混凝土塌落度	18~22 cm	√	√	√	√	√	√	√	√
11		混凝土扩散度	34~38 cm	√	√	√	√	√	√	√	√
12		浇筑最终高度	符合设计要求（见附页）	√	√	√	√	√	√	√	√
13		△施工记录、图表	齐全、准确、清晰	√	√	√	√	√	√	√	√
各孔质量评定				√	√	√	√	√	√	√	0
本单元工程内共有 10 孔，其中优良 9 孔，优良率 90.0%											
混凝土质量指标和桩的载荷测试			混凝土设计强度等级 C25，混凝土强度为 27.1~32.6 MPa，强度保证率 96.3%，$C_v = 0.126$。								
评定意见								单元工程质量等级			
单元工程内，各灌注桩全部达到合格标准，其中优良桩有 90.0%，混凝土抗压强度保证率为 96.3%								优良			
施工单位			×××　　　　××××年××月××日			建设（监理）单位		×××　　　　××××年××月××日			

附录 3

分部工程施工质量评定表

单位工程名称		施工单位	
分部工程名称		施工日期	自　年　月　日至　年　月　日
分部工程量		评定日期	年　月　日

项次	单元工程类别	工程量	单元工程个数	合格个数	其中优良个数	说明
1						
2						
3						
4						
5						
6						
合计						
主要单元工程、重要隐蔽工程及关键部位的单元工程						

施工单位自评意见	监理单位复核意见
本分部工程的单元工程质量全部合格,优良率为　　%,主要单元工程、重要隐蔽工程及关键部位单元工程　　项,质量　　。施工中　　发生过　　质量事故。原材料质量　　,金属结构、启闭机质量　　,机电产品质量　　。中间产品质量　　。 分部工程质量等级: 质检部门评定人: 项目经理或经理代表:　　(盖公章) 　　年　月　日	复核意见: 分部工程质量等级: 监理工程师: 　　年　月　日 总监或总监代表:　　(盖公章) 　　年　月　日

质量监督机构核定	核定意见: 核定等级:　　核定人:(签名)　　项目站负责人:(签名) 　　年　月　日　　　　　　　　　年　月　日

附录 4

单位工程施工质量评定表

工程项目名称		施工单位	
单位工程名称		施工日期	自　年　月　日至　年　月　日
单位工程量		评定日期	年　月　日

序号	分部工程名称	质量等级 合格	质量等级 优良	序号	分部工程名称	质量等级 合格	质量等级 优良
1				8			
2				9			
3				10			
4				11			
5				12			
6				13			
7				14			

分部工程共　　个,其中优良　　个,优良率　　%,主要分部工程优良率　　%

原材料质量	
中间产品质量	
金属结构、启闭机制造质量	
机电产品制造质量	
外观质量	应得　　分,实得　　分,得分率　　%
施工质量检验资料	
质量事故情况	

施工单位自评等级: 评定人: 项目经理:　（公章） 年　月　日	监理复核等级: 复核人: 总监理工程师:　（公章） 年　月　日	质量监督机构核定等级: 核定人: 项目监督负责人:　（公章） 年　月　日

附录 5

工程项目施工质量评定表

工程项目名称						项目法人 (建设单位)		
工程等级						设计单位		
建设地点						监理单位		
主要工程量						施工单位		
开工、竣工日期		年 月至 年 月				评定日期	年 月 日	

序号	单位工程名称	单元工程质量统计			分部工程质量统计			单位工程质量等级	说明
		个数	其中优良/个	优良率/%	个数	其中优良/个	优良率/%		
1									
2									
3									
4									
5									
6									
7									
8									
9									
10									
单元工程、分部工程合计									

评定结果	本项目有单位工程　　个,质量全部合格。其中优良单位工程　　个,优良率　　%,主要建筑物单位工程优良率　　%

监理意见	项目法人(建设单位)意见	质量监督机构核定意见
工程项目质量等级: 总监理工程师: 监理单位:(公章) 　年 月 日	工程项目质量等级: 法定代表人: 项目法人:(公章) 　年 月 日	工程项目质量等级: 项目站长或负责人: 质量监督机构:(公章) 　年 月 日

附录 6

正态分布表

x	$\varphi(x)x$									
	0	0.01	0.02	0.03	0.04	0.05	0.06	0.07	0.08	0.09
0	0.500 0	0.504 0	0.508 0	0.512 0	0.516 0	0.519 9	0.523 9	0.527 9	0.531 9	0.535 9
0.1	0.539 8	0.543 8	0.547 8	0.551 7	0.555 7	0.559 6	0.563 6	0.567 5	0.571 4	0.575 3
0.2	0.579 3	0.583 2	0.587 1	0.591 0	0.594 8	0.598 7	0.602 6	0.606 4	0.610 3	0.614 1
0.3	0.617 9	0.621 7	0.625 5	0.629 3	0.633 1	0.636 8	0.640 6	0.644 3	0.648 0	0.651 7
0.4	0.655 4	0.659 1	0.662 8	0.666 4	0.670 0	0.673 6	0.677 2	0.680 8	0.684 4	0.687 9
0.5	0.691 5	0.695	0.698 5	0.701 9	0.705 4	0.708 8	0.712 3	0.715 7	0.719 0	0.722 4
0.6	0.725 7	0.729 1	0.732 4	0.735 7	0.738 9	0.742 2	0.745 4	0.748 6	0.751 7	0.754 9
0.7	0.758 0	0.761 1	0.764 2	0.767 3	0.770 3	0.773 4	0.776 4	0.779 4	0.782 3	0.785 2
0.8	0.788 1	0.791 0	0.793 9	0.796 7	0.799 5	0.802 3	0.805 1	0.807 8	0.810 6	0.813 3
0.9	0.815 9	0.818 6	0.821 2	0.823 8	0.826 4	0.828 9	0.831 5	0.834	0.836 5	0.838 9
1.0	0.841 3	0.843 8	0.846 1	0.848 5	0.850 8	0.853 1	0.855 4	0.857 7	0.859 9	0.862 1
1.1	0.864 3	0.866 5	0.866 6	0.870 8	0.872 9	0.874 9	0.877 0	0.879 0	0.881 0	0.883 0
1.2	0.884 9	0.886 9	0.888 8	0.890 7	0.892 5	0.894 4	0.896 2	0.898 0	0.899 7	0.901 5
1.3	0.903 2	0.904 9	0.906 6	0.908 2	0.909 9	0.911 5	0.913 1	0.914 7	0.916 2	0.917 7
1.4	0.919 2	0.920 7	0.922 2	0.923 6	0.925 1	0.926 5	0.927 8	0.929 2	0.930 6	0.931 9
1.5	0.933 2	0.934 5	0.935 7	0.937 0	0.938 2	0.939 4	0.940 6	0.941 8	0.943 0	0.944 1
1.6	0.945 2	0.946 3	0.947 4	0.948 4	0.949 5	0.950 5	0.951 5	0.952 5	0.953 5	0.954 5
1.7	0.955 4	0.956 4	0.957 3	0.958 2	0.959 1	0.959 9	0.960 8	0.961 6	0.962 5	0.963 3
1.8	0.964 1	0.964 8	0.965 6	0.966 4	0.967 1	0.967 8	0.968 6	0.969 3	0.970 0	0.970 6
1.9	0.971 3	0.971 9	0.972 6	0.973 2	0.973 8	0.974 4	0.975 0	0.975 6	0.976 2	0.976 7
2.0	0.977 2	0.977 8	0.978 3	0.978 8	0.979 3	0.979 8	0.980 3	0.980 8	0.981 2	0.981 7
2.1	0.982 1	0.982 6	0.983 0	0.983 4	0.983 6	0.984 2	0.984 6	0.980 5	0.985 4	0.985 7
2.2	0.986 1	0.986 4	0.986 6	0.987 1	0.987 4	0.987 8	0.988 1	0.988 4	0.988 7	0.989 0
2.3	0.989 3	0.989 6	0.989 8	0.990 1	0.990 4	0.990 6	0.990 9	0.991 1	0.991 3	0.991 6
2.4	0.991 8	0.992 0	0.992 2	0.992 5	0.992 7	0.992 9	0.993 1	0.993 2	0.993 4	0.993 6
2.5	0.993 8	0.994 0	0.994 1	0.994 3	0.994 5	0.994 6	0.994 8	0.994 9	0.995 1	0.995 2
2.6	0.995 3	0.995 5	0.995 6	0.995 7	0.995 9	0.996 0	0.996 1	0.996 2	0.996 3	0.996 4
2.7	0.996 5	0.996 6	0.996 7	0.996 8	0.996 9	0.997 0	0.997 1	0.997 2	0.997 3	0.997 4
2.8	0.997 4	0.997 5	0.997 6	0.997 7	0.997 7	0.997 8	0.997 9	0.997 9	0.998	0.998 1
2.9	0.998 1	0.998 2	0.998 2	0.998 3	0.998 4	0.998 4	0.998 5	0.998 5	0.998 6	0.998 6
3.0	0.998 7	0.999	0.999 3	0.999 5	0.999 7	0.999 8	0.999 8	0.999 9	0.999 9	1.000 0

续表

x	$\varphi(x)x$									
	0	0.01	0.02	0.03	0.04	0.05	0.06	0.07	0.08	0.09
3.1	0.999 032	0.999 065	0.999 096	0.999 126	0.999 155	0.999 184	0.999 211	0.999 238	0.999 264	0.999 289
3.2	0.999 313	0.999 336	0.999 359	0.999 381	0.999 402	0.999 423	0.999 443	0.999 462	0.999 481	0.999 499
3.3	0.999 517	0.999 534	0.999 550	0.999 566	0.999 581	0.999 596	0.999 610	0.999 624	0.999 638	0.999 660
3.4	0.999 663	0.999 675	0.999 687	0.999 698	0.999 709	0.999 720	0.999 730	0.999 740	0.999 749	0.999 760
3.5	0.999 767	0.999 776	0.999 784	0.999 792	0.999 800	0.999 807	0.999 815	0.999 822	0.999 828	0.999 885
3.6	0.999 841	0.999 847	0.999 853	0.999 858	0.999 864	0.999 869	0.999 874	0.999 879	0.999 883	0.999 880
3.7	0.999 892	0.999 896	0.999 900	0.999 904	0.999 908	0.999 912	0.999 915	0.999 918	0.999 922	0.999 926
3.8	0.999 928	0.999 931	0.999 933	0.999 936	0.999 938	0.999 941	0.999 943	0.999 946	0.999 948	0.999 950
3.9	0.999 952	0.999 954	0.999 956	0.999 958	0.999 959	0.999 961	0. 999 963	0.999 964	0.999 966	0.999 967
4.0	0.999 968	0.999 970	0.999 971	0.999 972	0.999 973	0.999 974	0.999 975	0.999 976	0.999 977	0.999 978
4.1	0.999 979	0.999 980	0.999 981	0.999 982	0.999 983	0.999 983	0.999 984	0.999 985	0.999 985	0.999 986
4.2	0.999 987	0.999 987	0.999 988	0.999 988	0.999 989	0.999 989	0.999 990	0.999 990	0.999 991	0.999 991
4.3	0.999 991	0.999 992	0.999 992	0.999 930	0.999 993	0.999 993	0.999 993	0.999 994	0.999 994	0.999 994
4.4	0.999 995	0.999 995	0.999 995	0.999 995	0.999 996	0.999 996	0.999 996	1.000 000	0.999 996	0.999 996
4.5	0.999 997	0.999 997	0.999 997	0.999 997	0.999 997	0.999 997	0 999 997	0.999 998	0.999 998	0.999 998
4.6	0.999 998	0.999 998	0.999 998	0.999 998	0.999 998	0.999 998	0.999 998	0.999 998	0.999 999	0.999 999
4.7	0.999 999	0.999 999	0.999 999	0.999 999	0.999999	0.999 999	0.999 999	0.999 999	0.999 999	0.999 999
4.8	0.999 999	0.999 999	0.999 999	0.999 999	0.999 999	0.999 999	0.999 999	0.999 999	0.999 999	0.999 999
4.9	1.000 000	1.000 000	1.000 000	1.000 000	1.000 000	1.000 000	1.000 000	1.000 000	1.000 000	1.000 000

使用说明: 表的纵向代表 x 的整数部分和小数点后第一位,横向代表 x 的小数点后第二位,然后找到了 x 的位置。比如找 2.86,按纵向找 2.0,横向找 0.06,找到 2.86 的位置,对应 0.997 9,即 PL=1−0.997 9=0.002 1=0.21%。

参 考 文 献

[1] 全国质量管理和质量保证标准化技术委员会,中国合格评定国家认可委员会,中国认证认可协会. 2016 版质量管理体系国家标准理解与实施[M].北京:中国标准出版社,2017.

[2] 中国建设监理协会.建设工程质量控制[M].北京:中国建筑工业出版社,2013.